U0382763

滨湖城市河网区面源污染水质响应与调控

高永年　闫人华　王腊春　王智源　等　著

科学出版社

北京

内 容 简 介

本书针对近年来城市点源污染逐步得到有效控制，而面源污染引起的河网水环境承载力超载日益成为制约城市河网水质进一步提升的瓶颈问题，基于大量野外现场监测和模型构建，详细分析复杂雨洪条件下滨湖城市面源污染源解析技术，阐明城市河网水质对面源污染的响应特征；研发滨湖城市河网水环境承载力评价和城市面源污染削减目标分配技术，核算复杂雨洪条件下城市河网水环境承载力和削减目标；提出复杂雨洪条件下面向河网水质改善的城市面源污染调控技术方案与实施路径，为实现滨湖城市河网区水质提升提供支撑。

本书适用于环境保护部门、水利部门、城市建设管理部门的管理者与决策者及相关行业人员，也可为国土空间规划、水文学、生态学、环境科学等相关专业科研人员与研究生提供参考。

图书在版编目（CIP）数据

滨湖城市河网区面源污染水质响应与调控/高永年等著. —北京：科学出版社，2022.2

ISBN 978-7-03-071046-8

Ⅰ. ①滨⋯ Ⅱ. ①高⋯ Ⅲ. ①城市-水系-面源污染-水质污染-污染控制 Ⅳ. ①X52

中国版本图书馆 CIP 数据核字（2021）第 260911 号

责任编辑：王腾飞 沈 旭/责任校对：樊雅琼
责任印制：师艳茹/封面设计：许 瑞

科学出版社 出版
北京东黄城根北街 16 号
邮政编码：100717
http://www.sciencep.com
北京九天鸿程印刷有限责任公司 印刷
科学出版社发行 各地新华书店经销
*
2022 年 2 月第 一 版 开本：720×1000 1/16
2022 年 2 月第一次印刷 印张：13 1/2
字数：269 000
定价：168.00 元
（如有印装质量问题，我社负责调换）

前　言

　　长江中下游平原作为我国城镇密集、经济发达的平原水网地区，近几十年来随着城镇化进程的持续加快，叠加气候变化作用，正面临着水资源短缺和水环境恶化的双重压力。随着多年治理工业废水等治污力度的不断加大，点源污染逐步得到有效控制，而城市水环境质量却并未得到根本性改善。城市内部人类活动强度大，不透水面比例高，降水径流急促，初期雨水污染物浓度高，携带大量污染负荷进入河流，造成城市河网水质超标、水生态恶化，水生态环境承载力超载问题依然严峻。以典型城市河网区无锡市为例，受城市面源污染影响，蠡湖周边河道枯水期整体呈污染状态，其中骂蠡港、东新河、芦村河、曹王泾污染最为严重，几乎全部处于劣Ⅴ类水平，总磷（TP）呈局部地区超标。面源污染甚至通过城市内部河网等通道逐步汇入，成为大江、大河、大湖等重要水体的主要污染来源之一。因此，如何在城镇化进程中控制复杂雨洪条件下的城市面源污染，是进行社会生态文明建设，推动高质量发展进程中亟待解决的问题。

　　城市面源污染主要以降雨引起的雨水径流的形式产生，径流中的污染物主要来自雨水对河流周边不同下垫面表面沉积物、垃圾等的冲刷，具有污染来源的多样化、时空分布的分散性和不均匀性、污染途径的随机性和多样性、污染成分的复杂性和多变性等特征，造成其控制减排工作开展难度很大。以往相关研究中存在面源污染治理针对性不足、技术分散、整合性不强等问题，无法满足新时期生态环境保护对分级分区精准控污的要求。

　　本书针对面源污染引起的水环境承载力超载日益成为制约城市河网水质进一步提升的瓶颈问题，以高度城市化的无锡滨湖河网区为例，在全面解析城市河网水质对面源污染的响应特征的基础上，将研发滨湖城市河网区"面源解析—水质响应—水环境承载力核算—目标分配—污染削减—调控方案"集成技术体系作为核心目标，可为科学有效地治理城市面源污染、开展城市河网区水环境精准管控提供关键技术和方案支撑。

　　全书分为 10 章。第 1 章和第 2 章介绍城市面源污染的研究背景与意义、主要研究内容与技术框架，以及国内外相关研究进展。第 3 章概述研究区地理位置、气候水文与社会经济状况。第 4 章采用雨洪径流面源污染模型和稳定同位素示踪相结合的方法，解析复杂雨洪条件下城市河网区面源污染来源及其时空分布，并识别面源污染高风险区域。第 5 章通过构建河流中氮磷浓度与入河水量、面源累积污染间的数学关系模型，解析河网水质对面源污染的响应关系。第 6 章通过水文水环境调查与水环境承载力模型构建，基于两种水质目标准确核算在不影响水体功能条件下的城市河网水环境承载力，分析其时空分布特征与规律。第 7 章构建基于公平性多目标优化的城市面源污染负荷削减目标分配模型，以城市河网水环境承载力为约束条件，明确面源污染削减目标，制订面污染削减目标的空间优化分配方案。第 8 章和第 9 章在前述研究的基础上，根据"源头控制—过程削减—末端治理"的思路，提出复杂雨洪条件下滨湖城市河网区面源污染原位控制、入河雨污管网污染物及断头浜面源污染一体化调控方案。第 10 章基于面源污染调控研究成果，结合实际提出城市面源污染精准防控建议。

本书总体结构与内容由高永年和闫人华构思和设计。第 1 章由高永年、闫人华、王腊春、王智源、张志明撰写；第 2 章由高永年、闫人华、王腊春、王智源撰写；第 3 章由闫人华、高永年撰写；第 4 章和第 5 章由王腊春、郭加汛、潘叶撰写；第 6 章和第 7 章由闫人华、高永年撰写；第 8 章和第 9 章由王智源撰写；第 10 章由高永年、闫人华、张志明撰写。全书由高永年和闫人华统稿。

本书的研究和出版得到水体污染控制与治理国家科技重大专项子课题"复杂雨洪条件下滨湖城市河网区面源污染水质响应与调控技术"（2017ZX07203002-02）和中央高校基本科研业务费专项资金（B210201035）的资助。感谢生态环境部南京环境科学研究所张永春研究员、水利部太湖流域管理局陈荷生教授级高工、中国科学院南京地理与湖泊研究所高俊峰研究员、南京大学阮晓红教授、中国科学院空天信息创新研究院张万昌研究员、中国科学院东北地理与农业生态研究所章光新研究员、南京工业大学夏霆教授、江苏省水利厅张建华教授级高工、江苏省环境科学研究院陆嘉昂副院长等在研究过程中给予的悉心指导和提出的宝贵意见，在此一并致谢。

由于条件所限，本书中的不妥之处在所难免，恳请广大读者批评指正，以便在今后的工作中加以改进。

作　者

2021 年 4 月

目　录

第1章 绪 论

1.1 城市面源污染研究的背景与意义

1.1.1 流域水生态环境问题解决的紧切要求

长江中下游平原是我国工业与城镇密集、经济发达的平原水网地区。但随着城镇化进程的持续加快，叠加全球气候变化作用，特别是我国五大淡水湖鄱阳湖、洞庭湖、太湖、洪泽湖、巢湖流域面临着水资源短缺和水环境恶化的双重压力，给流域水资源利用带来了困难。例如，《太湖健康状况报告（2018）》显示，2018 年太湖流域人均水资源量低于全国平均水平，378 个水功能区中有 222 个达标，达标率为 58.7%，其中一级水功能区达标率仅为 50.0%。虽然太湖流域河湖水功能区达标率呈逐年上升趋势，但短期内流域河网等水功能区水环境治理形势依然十分紧迫。《江苏省"十三五"太湖流域水环境综合治理行动方案》明确指出，到 2020 年，太湖流域重点考核断面以及河网水功能区水质达标率分别达到 80%，流域 5 个设区市地表水丧失使用功能（劣于 V 类）的水体、建成区黑臭水体基本消除。

长江经济带城市化水平高，面源污染强度大，污染物以营养物质、COD 和悬浮物为主，对城市内部河网及外部流域性河湖生态环境质量带来较大冲击。据推算，长江经济带城市面源污染年排放量为 TN 17.1 万 t、TP 1.4 万 t、NH_3-N 7.32 万 t、COD 21.7 万 t。对于长江及其主要支流雅砻江、大渡河、岷江、嘉陵江、涪江、乌江、渠江、金沙江和我国五大淡水湖流域，城市面源污染通过城市内部河网等通道逐步汇入，成为大江、大河、大湖等重要水体的主要污染来源之一，对长江、五大淡水湖等流域性、区域性江河湖泊的水生态环境造成巨大压力。因此，在流域水环境亟待精准治理的背景下，开展精准高效的面源污染物控制减排工作是满足国家与地方"十四五"水生态保护与生态文明建设的迫切需求。

1.1.2 城市水环境综合整治提升工作的迫切需求

目前，我国正处在城市化快速发展的阶段，常住城镇人口从 1978 年占总人口的 17.92%上升到 2020 年的 63.89%，全国城镇人口年均提高 1.1 个百分点，为我国经济发展注入了巨大的活力。但是，社会经济快速发展，新城区面积迅速扩展，而治污设施建设滞后，同时旧城区仍存在脏乱现象，造成城市各类污染加剧。大量污染物因暴雨随着地表径流排入水体，使城市河网水质恶化，水体的生态功能严重受损。因此，江苏省"263"行动计划明确提出，牵头推进太湖流域所辖县（市）建成区黑臭水体整治工作，2020 年设区市建成区基本消除黑臭水体，提升环境质量。2016 年，太湖流域无锡、苏州等水生态文明试点城市水体黑臭较为严重，仅无锡市就有 161 条被列入重点整治的黑臭河道。滨湖城市水系连通阻隔、断头支浜众多等不利因素对短期内河网黑臭治理提出了更高要求，治理工作刻不容缓。

随着多年工业废水等治污力度的不断加大，点源污染得到有效治理，而由面源污染引起的河网水环境承载力超载问题日益成为制约城市河网水质进一步提升的瓶颈。城市内部人类活动强度大，不透水面比例高，降水径流急促，初期雨水污染物浓度高，携带大量污染负荷进入河流，造成城市河网水质超标、水生态恶化、水生态环境承载力超载问题依然严峻。据估算，上海、武汉、苏州、无锡等城市面源污染占城市水体总污染负荷的 40%～60%。2018 年，以无锡市为例，受城市面源污染影响，蠡湖周边河道枯水期点位监测结果显示，整体呈污染水平，其中骂蠡港、东新河、芦村河、曹王泾污染最为严重，几乎全部达劣 V 类水平；TP 呈局部地区超标，IV、V 类水标准的点位占 38.7%，劣 V 类水标准的点位占 9.7%；以现状浓度降低 20% 为水质目标，区域整体水生态环境承载力超载严重，TN、TP、COD_{Mn} 和 NH_3-N 需分别削减 60%、56%、77% 和 51%。

城市面源污染主要以降雨引起的雨水径流的形式产生，径流中的污染物主要来自雨水对河流周边道路表面沉积物、垃圾等的冲刷，具有污染来源的多样化、时空分布的分散性和不均匀性、污染途径的随机性和多样性、污染成分的复杂性和多变性等特征，其控制减排工作开展难度很大。因此，研究雨洪复杂条件下的滨湖城市面源污染问题，制定面源污染调控技术，以科学有效的手段调控和削减滨湖城市雨水径流所带来的面源污染成为国家和地方经济、社会与环境协调发展亟待解决的问题。

1.1.3　城市河网区面源截污技术突破的迫切性

国外针对雨洪污染负荷的研究起源于 20 世纪 30 年代，主要模式或措施有美国的最佳管理实践（best management practice，BMP）、英国的可持续城市排水系统（sustainable urban drainage systems，SUDS）、新西兰的低影响开发（low impact development，LID）、德国的集中式/分散式（central/decentral）等。我国针对复杂雨洪条件下的面源污染研究起步于 20 世纪 80 年代，主要集中于北京、广州、西安、武汉、珠海等大中城市，研究内容主要侧重于城区面源污染的宏观特征调查和基于国外模型的污染负荷研究。雨水系统的设计仍处于强调"快排快泄"阶段，很少考虑滨湖城市雨洪引起的面源污染问题。如何在快速城镇化进程中避免复杂雨洪条件下的面源污染问题，是应对社会生态文明建设的新挑战。

城市面源污染具有面广、量大、多变、时空分布不均衡、成分复杂、无明显排污口和责任人不清等问题，尤其在滨湖城市河网区，水网密集、支浜众多，且存在大量的堰、水闸、泵站等控制工程，天然水系受到人为阻隔，因而控制过程极其复杂，目前尚无统一的管理调控措施。在近年的研究中，人们已经注意到暴雨径流中多种污染物对城市水体的多重胁迫影响、潜在安全风险和复合污染效应，但在复杂雨洪条件下，如何经济、实用、可行地进行滨湖城市河网区的面源污染源解析、定量识别污染源通量、实施面源污染削减分配，最终实现面向整个河网水系的水环境改善鲜有研究涉及。

因此，本书选择位于经济发达区域的无锡市滨湖区，研究复杂雨洪条件下的滨湖城市面源污染问题，在定量识别污染物来源与负荷估算的基础上，科学合理地界定水环境承载力，分配区域面源污染削减量，从源头上控制城市河网的入河面源污染，可为滨湖城市的河网水环境治理提供一套可供参考的技术体系。这对于在快速城镇化进程中减轻和避免面源污染负荷的不利影响具有重要理论与实践意义，是响应城市水生态文明建设迫切需求和保障太湖流域滨湖河网水质提升的关键举措。

1.2　城市面源污染特征与问题

1.2.1　城市面源污染产生载体多且密集

长江经济带面积约 205 万 km², 占全国国土面积的 21%，人口和 GDP 占全国的 40%以上。区域城市化水平高，城市规模大，2016 年该区域包含地级及以上城市、县级城市 246 个，占全国 657 个城市的 37.44%，其中 200 万人口以上的地级市占全国的 43.55%。包含我国七大城市群中的三个，即成渝城市群、长江中游城市群和长三角城市群（2018 年 11 月 18 日《中共中央　国务院关于建立更加有效的区域协调发展新机制的意见》）。长江经济带城市市辖区建成区面积约占全国的 38%。

1.2.2　城市面源污染年产生量巨大

长江经济带城市化水平高，面源污染强度大，污染物以营养物质、COD 和悬浮物为主。据推算，长江经济带以 1.41%的建设用地产生了水体总污染负荷中 5.50%的 TN、4.75%的 TP、11.11%的 NH_3-N 和 44.38%的 COD。

1.2.3　城市面源污染空间差异显著

城市面源污染表现为以三大城市群为中心，强度由内向外逐渐降低的圈层特点，随城市等级由特大到大、中、小依次递减的特点，城市之间表现为特大城市污染程度高于中等城市，如特大城市路面径流悬浮物、COD、TN 浓度是中等城市的 1.4～1.6 倍。城市内部则表现为不同功能类型区的污染强度存在差异，如无锡市雨水径流中 TN 表现为交通区>商业区>工业区>居民区。

1.2.4　城市面源污染阶段性冲刷效应显著，季节差异明显

地表径流面源污染物在降水时间上呈现"初期-中期-后期"阶段性差异，初期径流污染物的浓度高于后期径流，初期冲刷效应明显。初期为冲刷携带阶段，浓度骤增至最高；中期为污染物径流阶段，浓度骤减；后期为降雨径流阶段，浓度平稳。初期雨水径流污染负荷高，携带大量地表累积污染物进入排水系统，输出了整个降雨事件 50%～80%的污染负荷。季节上，长江经济带受季风气候影响，夏季降水多，强度大，TN、TP 污染负荷占全年的 50%左右。

1.3　城市面源污染研究内容

本书主要聚焦于识别滨湖城市面源污染来源，建立雨洪径流与面源污染耦合模型，提出多目标多约束的水环境调控方案，提出有针对性的滨湖城市面源污染控制技术和方案。

1.3.1　城市河网区面源污染源解析及水质响应定量识别

构建雨洪复杂条件下城市河网区面源污染源的产生与入河模型，在降雨全过程的雨量、TN、TP、同位素等指标监测基础上，开展城市面源污染类型识别及污染物产生量、入河量、贡献率解析，核算污染总量与通量；识别面源污染物的时空分布规律和主要风险区域，建立雨洪复杂条件下滨湖城市河网水质对面源污染的响应关系。

1.3.2　城市河网水环境承载力评价与面源污染削减目标分配

构建雨洪复杂条件下滨湖城市河网水环境承载力评价模型，核算滨湖城市河网区主要污染物承载能力；构建河网及入河面源污染物削减量核算方法，确定面源入河污染物总量控制目标；在面源污染源解析与排放量分布规律识别的基础上，提出河网区面源污染负荷削减目标的空间分配方案，确定不同下垫面的面源污染负荷削减量、削减类型。

1.3.3　面向河网水质改善的城市面源污染调控方案

开展不同下垫面性状对雨洪条件下面源污染物阻隔效果分析，制定主要下垫面面源污染、地表漫流与入河雨污管网污染物的调控方案；分析雨洪情景下断头浜面源污染对河网水质的冲击作用，提出断头浜面源污染调控技术。

1.4　研究技术框架

针对近年来城市工业、生活废水点源污染逐步得到有效治理，而面源污染引起的河网水环境承载力超载日益成为制约城市河网水质进一步提升的瓶颈的问题，通过构建雨洪复杂条件下城市河网区径流面源污染模型，解析面源污染来源与负荷量及面源风险区域识别，并根据不同来源区硝酸盐中氮氧稳定同位素值的不同，定量溯源水体氮。将面源污染模型与同位素源解析相结合研究河网水质对面源污染负荷的响应关系；基于合理的水质目标准确核算在不影响水体功能条件下的城市河网水环境承载力，并以此为约束条件，明确河网环境可受纳的最大污染排放量和削减量。根据一定分配原则，采用基于基尼系数的多目标优化方法进行河网区面源污染负荷削减目标的空间分配，确定不同下垫面的面源污染负荷削减量和削减区域；在上述基础上，根据"源头削减—过程削减—末端治理"的思路，提出雨洪复杂条件下滨湖城市河网区面源污染原位控制、入河雨污管网污染物及断头浜面源污染一体化调控方案（图1-1）。

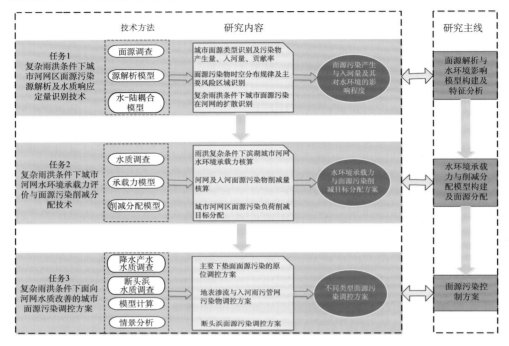

图 1-1　滨湖城市河网区面源污染水质响应与调控研究技术框架

第2章 国内外面源污染研究进展

2.1 城市河网区面源污染及污染定量识别

2.1.1 国外面源污染研究进展

20 世纪 70 年代以前，国外对于面源污染开始有所认识并进行研究，但多局限于面源污染的现象分析，定量化的演算研究较少（李怀恩，1996）。1972 年美国《联邦水污染控制法修正案》的制订标志着面源污染研究的重大转折，开始观测和分析土地利用与面源负荷的关系（杨勇，2007）。此时，对于城市面源污染的研究方向，主要为雨水水质模型及其相应软件的开发与研制，如 HSPF 模型、SWMM 模型、STORM 模型、DR3M-QUAL 模型等。20 世纪 80 年代中期到 90 年代初，遥感技术、人工模拟试验技术开始用于面源污染研究领域（齐苑儒，2009），对于模拟前的数据获取、预处理和图像解译就有了更加方便、快捷的途径，让研究模拟的区域范围得以扩大，节省了很多的人力、物力和财力。20 世纪 90 年代以后，地理信息系统技术被应用于水污染的研究中，使得数据的分层处理得以实现，方便了面源污染的估算模拟、预测和控制分析。

面源污染的研究逐渐以模型演算和实地监测调查为主，模型演算主要分析的内容是城市面源污染径流的特征，关注到了污染物中重金属的浓度变化和干湿沉降对面源污染的影响；估算目前的面源污染情况和预测未来的水质走向，为城市面源污染的控制和改善规划决策提供建议，特别是对于城市最佳管理实践（best management practice，BMP）的实施提供面源污染控制位置的参考。Yuan 等（2001）建立了预测城市集水区的重金属污染负荷的初步模型，该模型从城市不透水表面悬浮物（SS）的经典堆积和冲刷过程开始，将悬浮沉积物的运输与重金属的运输联系起来。He 等（2014）发现，非点源 TP 污染负荷约占密歇根州萨吉诺湾 TP 总负荷的 75%，其余的 TP 负荷由点源污染构成，揭示了比县级数据更详细的空间变化和高负荷的关键区域，以便实施有针对性的水质方案。Alvarez 等（2016）开发了一个利益转移模型，供整个佛罗里达州实施最佳管理实践（BMP）的经济效益估计，以确定整个佛罗里达州采用 BMP 的最佳水平，并为其他地区提供框架，估算 BMP 引导的水质改善的潜在益处。

2.1.2　国内面源污染研究进展

中国开始研究城市面源污染问题的时间总体要比国外晚一些，开始于北京城市径流污染的研究及 20 世纪 80 年代初的全国湖泊、水库富营养化调查和河流水质规划研究（韩冰等，2005a）。初期研究的内容停留在城市径流污染的宏观特征分析和污染负荷计算模型的构建层面，污染负荷计算模型的研究具体分析的是降雨径流与污染负荷的相关性，或者水量单位线与污染物负荷的关系等（祁继英，2005）。到 20 世纪 90 年代后，分雨强计算城区径流污染负荷为城市径流污染负荷定量计算提供了新的研究方法（施为光，1993），之后 3S 技术加入了面源污染的研究中，使得面源污染的研究成果不断输出，污染负荷的估算精度也有所提高。

1. 城市面源污染特征

在 20 世纪 90 年代之后，对于面源污染特征的深入研究发现，城市面源污染主要以悬浮颗粒物为主，商业区的面源污染负荷最大（韩冰等，2005b）。面源污染具有时空分布离散性、污染途径多样性和成分复杂多变性（倪艳芳，2008）的特征。同时，面源污染物之间具有一定的相关性，任玉芬等（2005，2006）从北京屋面、道路及草坪 3 种下垫面径流中发现，悬浮物（SS）含量与 COD、TN、TP 浓度之间的相关系数均达 0.85 以上。所以，在没有较好监测环境和缺乏水量、水质资料的时候，可以根据 SS 的污染特征来推估其他污染物的污染现状。李立青等（2006）发现，当面源污染产生时，径流流量峰值出现的时间要晚于污染物浓度峰值出现的时间。对于面源污染中常常出现的初期冲刷效应来说，目前很难建立初期冲刷与降雨特征和流域特征的通用关系。李立青等（2007）还发现，降雨前期干旱天数与城市降雨径流污染负荷存在显著的正相关关系，所以应尽量通过加强地表卫生，控制源头污染来减少面源污染。

一些学者们总结了我国面源污染的特征，主要是道路和屋面污染严重，特别是南方特大规模城市道路和北方的沥青屋面。丁程程和刘健（2011）通过总结发现，特大城市的面源污染程度比较高；交通区的污染量最高，其次为商业区和工业区，居民区情况较为良好；我国六月份和九月份的面源污染程度高于其他月份。影响我国城市面源污染的因素主要有降雨强度、雨量、降雨历时、下垫面类型、地面清扫情况等。

2. 我国面源污染研究现状和困境

我国先后在北京、江苏苏州、四川沱江、云南滇池等处开展城市非点源污染负荷的研究（李怀恩，1996），之后的研究范围涉及华北地区以及海河和汤河流域，西北的渭河流域，武汉汉阳地区，珠三角的广东深圳，西南地区的四川、云南昆明，华东的太湖流域及苏锡常地区等，分析的主要是大小尺度的河流、湖泊流域及邻近海的省市区的面源污染情形。目前，由于国内对于面源污染的污染物浓度数据较为缺乏（李怀恩，1996），所以研究在很大程度上受到了阻碍，研究思路主要是对流域或是城市进行面源污染的估算、分析和情景假设，并提出控制污染的决策建议或是减轻污染的措施，以及对目前已经实施的面源污染控制方案和设施进行评价，研究结果的适用性也多局限于研究区域内或是相似的地区，对于面源污染的特性和影响因素没能得到一致的结论，各地区面源污染的时空差异性大。

从面源污染的水质监测结果来看，面源污染的初期冲刷效应的研究结果呈现不一致或是相反的结论。何佳等（2012）分析了滇池北岸昆明市区的面源污染特征，发现庭院和道路的水质均超标，其中道路的面源污染更加严重一些，庭院的初期冲刷效应比道路和屋顶的都要明显。王军霞等（2014）研究了四川省内江市的面源污染特征和排放负荷，指出 COD 和 SS 的污染浓度高，存在明显的雨水初期冲刷效应，前 20%的径流携带了一半以上的污染负荷；交通道路的面源污染严重；屋面则因其面积大而有较高的污染贡献率；影响面源污染的因素主要是降雨、下垫面和人类活动。任玉芬等（2013b）指出，北京城市的屋面和路面的初始冲刷现象总体上不明显，对污染物排放的影响因素中，汇水面性质、降雨强度和污染物累积情况是主要的。袁海英（2017）在研究观澜河流域面源污染的初期冲刷效应后，得出 7mm 的初期雨水截流规模可以保证全年 90%的面源污染得到截流的结论。

3. 面源污染风险评估和分级

国内的面源污染风险评估多倾向于使用“源-汇”结构框架和多因子综合评价方法来划分研究区的面源污染风险级别，并借助地理信息技术来实现污染风险分区的具体操作和可视化，供政府规划部门参考。并且，大部分是针对流域尺度的区域，考虑气象、水文、土壤、植被等影响因素的作用，综合评价污染风险。“源-汇”理念最早是由 Lemunyon 和 Gilbert（1993）提出的，他们在 1993 年提出了非点源污染潜在流失风险评价（针对磷素）的半定量框架模型，其后，大量学者进一步深入研究非点源污染风险的评估方法，在 Lemunyon 和 Gilbert（1993）提出的半定量框架模型的基础上做了不少的尝试和突破。孔维琳等（2012）将滇池流域内城区划分为面源污染的重点防控区、中等防控区和一般防控区，重点防控区为昆明市主城区，并在此基础上提出相应的防治措施。焦永杰等（2017）基于“源-汇”框架和 ArcGIS，构建海河干流流域面源污染的快速评价模型，再用水质监测数据进行佐证，结果发现，上游面源污染风险较小，下游涉及农业区域和城市区域的污染风险较高。刘帆等（2018）分析了重庆北碚区耕地面源污染的"源-汇"景观风险格局，考虑多重指标对研究区进行风险分级，并通过 ArcGIS 将面源污染风险分级结果进行可视化处理。

2.1.3　国内外城市面源污染模型的研究进展

1. 国外城市面源污染模型研究进展

国外对于面源污染模型的模拟研究经历了从运用基础公式的简单模拟发展为对模型公式的改进和更加偏向于软件模型的模拟演算的过程，在模型演算的展现形式上，由于地理信息系统技术的加入，采用空间分布式的建模方法较多，但是目前模型演算尚存在误差验证的不确定性。

21 世纪初，研究者不再满足于对基本模型的运算，而寻求对模型的改进和运用。Brezonik 和 Stadelmann（2002）编制了一个大型城市和郊区径流数据库，用于估算双城都会区流域的流入湖泊河流的非点源负荷，以便流域规划人员采取有效的管理策略。Reginato 和 Piechota（2010）为内华达州拉斯维加斯谷开发了一个基于 GIS 的非点源径流模型，估计 2000 年和 2001 年每月的 TP、TN 和 TSS 对非点源的贡献，采用了创新的校准程序，估计不同土地利用类型的污染物浓度。Wang 等（2005）将土地利用类型变化模拟模型（LEAM）和非点源水质模型（L-THIA）紧密耦合为 LEAMwq 模型，以确定不同程度的城市化对非点源污染物 TN、TSP 和 TP 负荷的长期影响。

从 1992 年 Beven（2006）发表关于水文模拟不确定性分析的开创性论文开始，到 2010 年结束，通过对面源污染模型开发应用案例的总结，发现模型主要在流域范围内采用空间分布式的建模方法，提供流量、营养/沉积物浓度或负荷的预测，演算出误差较小的数据结果；大多数的"最佳管理实践（BMP）"在模型开发过程中并未始终如一地使用；仅对流域出口进行模型校准可能会掩盖对源和运输过程的正误差和负误差的补偿（Wellen et al.，2015）。因此，模型需要深入的不确定性分析和使用不一定与模型终点相关的附加信息来约束参数估计。

2. 国内城市面源污染模型研究进展

国内对于面源污染负荷的估算模拟也经过了由统计学的传统方法到机理模型的模拟估算的过程，总结下来，估算方法主要划分为三种（李家科等，2010）。

第一种是根据同步监测数据计算负荷的浓度法。如李怀恩（2000）在获得黑河流域水文站控制断面 6 场降水水量水质过程的基础上，运用平均浓度法推估面源污染负荷总量，计算出丰水年、平水年和枯水年的年污染负荷。在监测资料有限的条件下，该方法是估算流域面源污染年负荷量的简便而有效的方法。黎巍等（2011）利用监测的事件平均浓度（event mean concentration，EMC），结合遥感判读出的土地利用类型和下垫面类型，估算滇池北岸昆明主城区年降雨径流污染负荷产生量和贡献率。

第二种是在分析大量实测资料的基础上的统计方法。例如，卓慕宁等（2003）选择 SCS 模型公式计算珠海城区不同下垫面的年污染负荷总量。杨珏等（2009）运用径向基函数（PBF）、支持向量机（SVM）和降雨差值法来研究渭河区域降雨与面源污染之间的关系规律。齐苑儒等（2010）应用 SCS 模型，以土壤前期含水量为条件对 CN 值进行调整，使结果更趋于合理。

第三种是对污染产生过程进行模拟，建立模型的计算方法。例如，比较早的岑国平等（1996）尝试建立了城市降雨径流计算模型，经实测资料检验，精度较高。肖彩（2005）通过编程等方式建立分布式城市降雨径流面源污染模型，通过参数的率定和检验，运用在墨水湖以北地区，效果较好。黄纪萍（2014）结合 SWMM 模型和 ArcGIS Engine 组件，提出了将节点溢流水量转换为地表水深的内涝淹没水深计算方法，并以深圳为例，预警可能发生积水的区域。

目前国内外使用的城市面源污染模型有 STORM、SWMM、HSPF/BASINS、DR3M-QUAL、InfoWorks CS、MIKE 11、MOUSE、WASP、POLLUTE、HydroWorks、SLAMM 等（王海潮等，2011）。其中，在当前国内影响较大、应用较广的模型是 SWMM、HSPF、STORM 和 DR3M-QUAL（李家科等，2010）。4 个模型的详细情况（夏青，1982；温灼如等，1984；施为光，1993；王龙等，2010）见表 2-1。

表 2-1　常见面源污染模型的特点、适用性和局限性

项目	SWMM	HSPF	STORM	DR3M-QUAL
模拟的主要过程	城市径流过程、管道输送过程、污染物输运过程	综合性的流域水文、水质过程	城市小排水区的水文过程	市区的降雨径流、水质变化过程
模拟净雨类型	连续，单次	连续，单次	连续	连续，单次
排水系统流程	可以	可以	不可以	可以
污染物相互作用和转化模拟	不可以	可以	不可以	不可以
污染负荷图输出	可以	不可以	不可以	不可以
GIS 耦合应用	松散	紧密	松散	松散
BMP 模拟评价	可以	可以	不可以	不可以
整个模型复杂性	高	高	一般	一般

从表 2-1 可以看出，SWMM 作为半分布式、连续模拟模型在城市区域内的地表和排水管网的面源污染过程演算方面有着较明显的优势，模型的修改方便灵活，演算结果的输出格式多样。因此，选用 SWMM 模型进行面源污染负荷定量化演算的文献居多（孙全民等，2010；魏婷，2014；赵磊等，2015），主要将其应用于径流和污染负荷的估算（王志标，2007；孙全民等，2010；赵磊等，2015；王宇翔等，2017）、规律研究（徐金涛等，2011；魏婷，2014）和控制分析（潘羽，2015），以及排水系统的调查分析、规划建议（刘俊和徐向阳，2001；丛翔宇等，2006；闫磊等，2014），以帮助分析城市内涝问题。

总结来看，目前国内的面源污染模型多采用修正国外模型参数并应用于国内的模式，研究的多为城市降雨径流与污染负荷的相关性，基于概率统计的模型，尝试建立具有各自特色的模型（王龙等，2010）。同时，研究性的模型所需的参数太多，率定困难，实际应用效果也不理想；对于实测资料的依赖程度高。国内建立的模型往往仅有核心程序，市场化操作性不强，推广应用前景也不容乐观。

2.1.4 城市面源污染定量识别

硝酸盐氮作为天然河流中氮的主要形态，是进行氮污染控制的主要指标。定量识别水体中硝酸盐来源及贡献比例，是控制面源氮输入和防治水体污染的有效手段。氮氧双同位素方法已经被广泛用于各种水体的硝酸盐来源分析中。

1. 基于硝酸盐氮氧同位素源解析原理

氮在自然界的氮循环过程中，伴随着一系列的生化反应，包括固氮作用、硝化作用、反硝化作用及矿化和同化作用等，这些反应都会导致氮同位素发生分馏，而不同的分馏比例造成了不同来源硝酸盐的 $\delta^{15}N$ 值存在差异（Peterson and Fry，1987）。同样地，硝酸盐中的 $\delta^{18}O$ 在参与生化反应时也会发生分馏作用，造成不同来源具有不同的 $\delta^{18}O$ 丰度。例如，水体中硝化作用贡献的硝酸盐中 $\delta^{18}O$ 有 2/3 来自水，1/3 来自空气中的 O（Kelly et al.，2013），当水体中硝酸盐的 $\delta^{18}O$ 丰度在 $-10‰\sim10‰$ 时，水体中的硝酸盐由硝化作用产生。不同来源硝酸盐的 $\delta^{15}N\text{-}NO_3^-$ 和 $\delta^{18}O\text{-}NO_3^-$ 稳定同位素组成不同，且进入水体后相对稳定性有差异性，这就为水体硝酸盐来源解析研究提供了技术手段。

国内外对氮素来源解析的研究较多，对不同来源硝酸盐的氮氧同位素丰度范围进行了确定，一般认为，大气沉降硝酸盐来源范围为 $\delta^{15}N\text{-}NO_3^-$：$(2.7\pm4.9)$‰，$\delta^{18}O\text{-}NO_3^-$：$(44.8\pm18.1)$‰（Yang and Toor，2016），$NH_4^+$ 肥料源范围为 $\delta^{15}N\text{-}NO_3^-$：$(-0.2\pm2.3)$‰，$\delta^{18}O\text{-}NO_3^-$：$(-2.0\pm8.0)$‰（Black and Waring，1977；Choi et al.，

2007），土壤有机氮矿化来源范围为 $\delta^{15}N\text{-}NO_3^-$: (7.5±5.2) ‰, $\delta^{18}O\text{-}NO_3^-$: (−2±8.0) ‰ (Kaushal et al., 2011; Kendall et al., 2007)，生活污水源范围为 $\delta^{15}N\text{-}NO_3^-$:4‰～ 19‰, $\delta^{18}O\text{-}NO_3^-$: −5‰～10‰ (Heaton, 1986)。当以测定样品中 $\delta^{15}N\text{-}NO_3^-$ 为 x 轴, $\delta^{18}O\text{-}NO_3^-$ 为 y 轴绘制的散点图分布在上述来源范围内时，则可定性判别出样品中硝酸盐的来源。

以不同来源 $\delta^{15}N\text{-}NO_3^-$ 和 $\delta^{18}O\text{-}NO_3^-$ 作为端源值，以测得样品中的 $\delta^{15}N\text{-}NO_3^-$ 和 $\delta^{18}O\text{-}NO_3^-$ 为混合源，利用源解析软件，即可计算出不同来源对样品中硝酸盐的贡献比例。贝叶斯同位素混合模型（SIAR）是由 Parnell 等（2013）提出的，其开发的基于 R 统计软件的模型，是目前使用最多的用于硝酸盐来源定量估算的模型。SIAR 混合模型在贝叶斯框架下，利用 Dirichlet 分布作为污染源贡献率的先验逻辑分布，待同位素信息输入后，更新后的信息即可包含在后验分布信息中，进而基于贝叶斯方程得到各个污染源的后验分布特征和各个污染源贡献率的概率分布，最后依据概率分布结果生成各个污染源对污染物的贡献率范围。这个过程主要基于 R 3.0.2 统计软件①的稳定同位素分析软件包（Stable Isotope Analysis in R, SIAR V4）进行源解析并量化污染源对受体样品氮的贡献率（Xue et al., 2012）。

2. 硝酸盐源解析在水体中的应用

近年来，随着人类活动的加剧，尤其在生产活动中化肥及有机肥的使用，使得农业区河流及地下水中氮污染日趋严重，这受到了国内外研究学者的广泛关注（王东升，1997；周爱国等，2001; Selles et al., 1986; Wells and Krothe, 1989）。硝酸盐氮氧双同位素方法在农业流域河流中应用最为广泛也最为成熟，并且农业流域水体中硝酸盐主要来源于土壤有机氮、粪肥（主要为施用的有机粪肥）和生活污水，其他来源较少。硝酸盐稳定同位素方法在地下水硝酸盐来源识别的应用中与在农业流域中类似，且地下水中硝酸盐的主要来源也是化肥、粪肥和生活污水。农业流域河流及地下水中测定的硝酸盐潜在来源的 $\delta^{15}N\text{-}NO_3^-$ 和 $\delta^{18}O\text{-}NO_3^-$ 值同样适用于其他流域及地区，这就为开展其他水体硝酸盐来源识别提供了重要参考依据。

城市河流由于其独有的特点如水闸密布、连通性极差、硬质化河岸、生态系统单一、生物群落简单、城市径流污染严重，使得城市水体污染不断加重，严重影响城市水体正常功能的实现。氮作为导致城市河流水质恶化的主要污染物之一，其来源的定量识别是有效实施"控源-截留"方案的基础。而利用硝酸盐同位素方法进行硝酸盐来源识别，可为氮来源解析提供定量数据。国内外学者均利用稳定

① Stock B C, Semmens B X. 2016. MixSIAR GUI User Manual. Version 3.1., https://github.com/brianstock/MixSIAR/.

同位素方法，在城市流域河流中硝酸盐来源识别方面开展了较多研究。

任玉芬等（2013c）利用硝酸盐氮氧双同位素方法分析了北京城市河流中硝酸盐来源及贡献，结果表明，河流汇总硝酸盐主要来自粪肥和污水。Liu 等（2018）利用氮氧双同位素方法，确定了北京市河流水体中硝酸盐主要来源为粪肥和生活污水，其贡献在雨季和旱季分别为 77.59% 和 89.57%。Divers 等（2014）利用上述方法研究了城市河流水体硝酸盐的来源及贡献，在平水期，约 94% 的硝酸盐来自生活污水，在雨季，生活污水贡献了 66% 的硝酸盐。Yang 和 Toor（2016）利用氮氧双同位素方法和 SIAR 模型分析了城市径流水体中的硝酸盐来源，结果表明，降雨输入是硝酸盐的主要来源，贡献比例为 43%～71%，其次为化肥氮来源，贡献比例为 <1%～49%。Kojima 等（2011）利用 $\delta^{15}N\text{-}NO_3^-$ 和 $\delta^{18}O\text{-}NO_3^-$ 同位素方法分析了道路、屋顶及土壤径流水体中的硝酸盐特征，结果表明，地表径流中超过 50% 的硝酸盐来自道路径流。

综上所述，城市河流水体中硝酸盐来源研究对象主要为城市河流、城市地表径流，硝酸盐来源主要为生活污水，并且河流中生活污水贡献比例显著高于地表径流。降雨径流在城市管道输移过程中汇入的生活污水，可能导致受纳河流中硝酸盐主要来源与地表径流存在差异。然而，氮氧稳定同位素方法也仅用于城市面源污染过程的单一方面，缺乏对面源污染输移过程中不同阶段来源贡献动态变化的研究，同时也缺少对复杂城市河网区水体中硝酸盐来源贡献的研究。滨湖城市河网区具有水网密集，支浜众多，且存在大量的堰、水闸、泵站等控制工程，天然水系受到人为阻隔等特点，导致面源污染过程更加复杂。此外，城市面源污染过程是多个过程的紧密结合，但不是简单的叠加，只有对城市面源污染过程进行系统研究，才可以定量阐明污染物从累积到进入河流后的硝酸盐来源贡献的动态变化特征。

2.2　城市面源污染累积冲刷过程研究

2.2.1　污染物累积

面源污染物在干期的累积和降雨径流期间的冲刷输移是造成径流水质下降的最主要原因，受到研究者广泛关注。Sartor 等（1974）早在 1974 年便对污染物在道路的累积过程进行了研究，发现干期污染物累积量随着时间逐渐增加，趋近于一个最大值，并且在降雨或者地面打扫的过程中被清除。路面污染物累积量与研究区域周围土地利用类型相关，虽然城市不同功能区的路面污染物累积量不同，但是其累积量都是干期天数的函数，因此，他们利用一个指数函数描述了污染物随干期时间增加的累积过程。不同区域污染物累积过程具有独特性，因此多种多样的累积函数被提出。Ball 等（1998）在研究中使用幂函数去描述污染物累积量随时间的变化。Krein 和 Schorer（2000）以公路路面累积污染物的研究为基础，提出了累积量关于时间的对数模型。常静等（2008）基于对上海市街尘累积过程的研究，提出了"S"形累积曲线。虽然这些拟合函数形式不同，但污染物在累积过程中存在一个减小的增长速率并到达最大累积量这一特性没有改变。

除了污染物累积的时间特性外，污染物的空间分布特征同样受到关注。Zhao 等（2011）对北京市中心城区、城郊区域、乡镇和农村地区的地表街尘累积进行研究，发现单位面积上乡镇和农村地区的街尘累积量远大于城市中心区域；城市区域街尘细粒径的比例较大，且街尘中重金属浓度较大；对于同一城市而言，不同功能区和下垫面的污染物累积量也不同。江燕等（2017）对常州市不同用地类型的污染物累积特征进行了研究，发现交通用地的各种类污染物累积强度都普遍高于其他用地类型。房妮等（2017）通过环境磁学分析，将西安市 7 个不同功能区按照污染程度进行划分，且对污染的"工业"或"交通"来源进行了识别。

在众多城市下垫面中，道路作为街尘累积冲刷发生的重要场所和污染物主要来源，其污染物空间分布一直受到人们的重视。一般而言，在构建污染物累积函数时，往往假设不同功能区路面污染物累积量受到交通流量和干沉积的影响，但在一个小范围内污染物在地表的累积分布是空间均匀的。然而，由于风和车辆交通的影响，污染物在路缘区域往往累积得更多。研究发现，累积污染物可能会沉积在透水区域或者重新被带入大气中，这种重分配作用导致更大比例的污染物沉积于路缘区域。Ball 等（1998）的研究也表明，降雨时路缘区域污染物浓度显著高于道路中央。在此基础上，Vaze 和 Chiew（2002）的研究发现，路面污染物的累积受到坡度和交通信号灯等因素影响，沿道路走向发生着变化。Patra 等（2008）利用路面磨砂盐（road gritting salt）对伦敦路面颗粒物再悬浮的研究也发现，固体颗粒物会在道路中随交通流方向发生运动，在他们的研究中，单次车辆通行可以立即移除路面上约 0.08% 的沉积颗粒。

在地表颗粒物累积过程中，颗粒物粒径不同导致其在累积过程中的行为特征不同。Kayhanian 等（2008）研究发现，累积过程中，粗颗粒在短期内就会沉积，而细颗粒由于沉降速度较小，可以在大气中悬浮更长时间。Patra 等（2008）通过对伦敦道路沉积颗粒物再悬浮的试验研究发现，沉积颗粒物中，大于 2 μm 的颗粒物再悬浮速度衰减很快，而小于 2 μm 的污染物再悬浮速度几乎没有衰减。Vaze 和 Chiew（2002）的研究也表明，随着干期天数增加，由于颗粒物分解和细颗粒沉降，地面颗粒物粒径组成也在变得更细，同时他们指出，街道清扫只清除了地表的粗颗粒，而对细颗粒影响较小，因细颗粒附着更多的污染物，这可能会对降雨径流水质产生不利影响。Wijesiri 等（2015）的研究同样发现，直径小于 150 μm 的颗粒物和大于 150 μm 的颗粒物在累积时有不同的行为特征，且这种行为特征与研究区域无关；直径小于 150 μm 的污染物颗粒在累积过程中的变化对污染物整体累积行为有着重要影响，其改变对径流水质模拟的精度有很大影响。

地表不同粒径颗粒物除在累积过程中的行为特征有所不同外，其输运方式、对于污染物的吸附能力和对受纳水体的影响均不同。Sartor 等（1974）通过研究发现，大多数污染物吸附颗粒的直径都小于 43 μm，约 50% 的金属和大于三分之一的营养盐都吸附于细颗粒（直径小于 43 μm），而这种细颗粒只占污染物总固体量的 5.9%。Shaheen（1975）在随后的研究中提出"粗颗粒占了街尘累积质量的主要部分，而细颗粒则吸附了更多的污染物"的观点。Zafra 等（2011）对道路重金属污染的研究表明，随着颗粒物粒径以指数趋势的减小，重金属的浓度升高；地表颗粒物累积时间的增加也会使附着的重金属浓度增加，而使不同粒径间的浓度差异减小，重金属来源主要与粒径小于 125 μm 的颗粒物有关。Tian 等（2009）研究发现，不同重金属的吸附特性不同，与 Pb 和 Zn 相比，Cd、Cr、Cu 和 Ni 更易附着在较细的颗粒物上；同时，干期时颗粒物负荷随时间增加而增加，而降雨后，细颗粒（<40 μm）吸附重金属浓度普遍降低。Gunawardana 等（2012）根据地表颗粒物吸附重金属种类的不同，确定了其来源；来源于交通区的颗粒物吸附的如 Cd、Cr 等重金属的负荷较高，且吸附能力与颗粒比表面积（SSA）关系密切；而来源于土壤的颗粒物则与 Fe、Al、Mn 及总有机碳（TOC）含量的关系较为密切。Ceuterick 等（2011）对多环芳烃（PAHs）年内累积量随季节变化的研究同样发现，粒径小于 75 μm 的颗粒物总 PAHs 和个体 PAH 的含量均最高；同时，干燥天气时间越长，地表尘埃颗粒物中 PAHs 总量和毒性越高。

2.2.2 污染物冲刷

污染物冲刷是指干期累积在地表的污染物在降雨时被冲刷进入水体的过程。在降雨初期，由于降雨作用，地表变得湿润，大多数可溶污染物开始溶解，与此同时，雨滴打击地表的能量使得部分颗粒物开始松动，并悬浮于湿润地表的薄层水中。随着降雨的进行，地面水层变厚，开始顺着坡面流动，悬浮于水层中的污染物也随之输移，同时由于水流的扰动，部分仍沉积于地表的污染物也被冲刷入水中，随着水流开始运动。在整个冲刷过程中，雨滴能量是污染物起始冲刷的主要因素之一，随着地面的水层厚度的增加，水流汇聚成股，雨滴对于污染物冲刷的作用逐渐减弱。

　　污染物冲刷受多种因素影响，包括降雨特征、径流特征、下垫面特征、地表颗粒物粒径、土地利用情况、城乡区域差异等。污染物冲刷与降雨径流相关特性的研究较早，早在 1974 年，Sartor 等（1974）就指出，道路污染物被冲刷的速率主要取决于三个因素：道路表面特性、降雨强度和粒径。在这三个因素中，降雨强度这个因素更占主导位置，使用降雨强度来构建的冲刷方程精度更符合要求，Sartor 等据此构建了污染物冲刷的指数方程：

$$W = W_0(1 - e^{-kIt}) \tag{2-1}$$

式中，W_0 为污染物累积量；t 为降雨时间；I 为降雨强度；W 为 t 时刻后污染物冲刷量；k 为冲刷系数。

　　也有研究发现，径流量对污染物冲刷起着重要作用，Chiew 和 McMahon（1999）研究了径流量和污染物冲刷量之间的关系后认为，用径流量估算总悬浮物（TSS）和总磷（TP）的事件平均浓度（EMC）更加合理。为了区别降雨和径流在污染物冲刷中的作用，Vaze 和 Chiew（2002）设计了一个污染物冲刷的小区试验，在试验中他们利用纱窗直接将降雨作用和径流作用分离开，研究发现，在一定雨强和径流深的情况下，降雨分离作用（rainfall detachment）和径流分离作用（runoff detachment）对污染物冲刷的影响大致相等且可以相互叠加。随着研究的深入，污染粒度级配、污染物类型、土地利用等因素对冲刷过程的影响均被考虑。Herngren 等（2005）研究了污染物冲刷与下垫面特性的关系，研究表明，较为粗糙的下垫面可以滞留更大比例的污染物。何小艳等（2012）利用人工降雨试验对径流冲刷过程中的粒径效应进行了讨论，研究表明，小粒径颗粒物中水相颗粒态重金属含量最高，其迁移能力较强，较易对水体造成污染。Wu 等（2015）通过对北京市屋顶和路面径流进行取样研究，发现在屋顶和路面降雨径流中，磷主要以颗粒态形式存在，而氮的存在形式主要为溶解态。Bian 等（2011）采用模拟降雨器对镇江市不同功能区降雨径流样品进行研究，发现不同土地利用下，径流污染物浓度差异很大，交通密集区径流中的金属浓度最高，而居住区的氮磷等营养盐指标的事件平均浓度（EMC）高于交通密集区。

　　Vaze 和 Chiew（2002）的试验发现，在经历了一场 39.4 mm 的大暴雨后，只有不到一半的地面颗粒物被冲刷带走。根据这一现象，他们提出了两个可能的冲刷理论，第一种认为污染物在干期累积时从无到有，接着在冲刷时基本都被冲刷干净；第二种则认为每一场雨都只冲刷了一部分污染物，干期时，污染物又迅速累积到达雨前水平。而被冲刷的污染物总量分别受到来源限制（source limit）和输移限制（transport limit）。通过他们的研究可知，当降雨事件较为频繁时，污染物冲刷受到的来源限制更多。Zhao 等（2011）基于对北京路面沉积物的 12 次采样和多次人工降雨试验，对污染物冲刷受来源限制或输移限制进行了深入分析，发现降雨使残留路面的污染物粒径增大，而干期时污染物粒径又会变小，这表明大颗粒污染物倾向于受到输移限制，而小颗粒污染物易受来源限制。另外，多次试验表明，在降雨初期和后期污染物分别受来源限制和输移限制，小雨受到输移限制，而较大的雨主要受来源限制。总体而言，污染物冲刷过程是来源限制和输移限制的组合情况。图 2-1 为污染物受来源限制或输移限制的示意图。

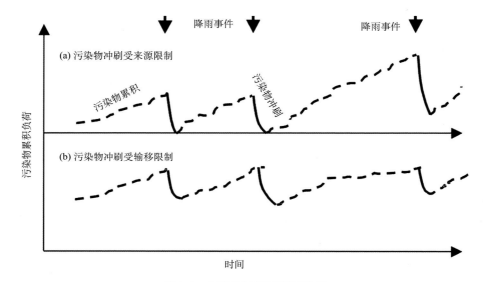

图 2-1　污染物冲刷过程示意图

Egodawatta 等（2009）通过对路面和屋顶的多次人工降雨试验，得到了在一场特定降雨中能够冲刷污染物的质量。他们根据研究结果，在 Sartor 等（1974）的指数冲刷方程中加入了冲刷能力系数（capacity factor），这个系数的值主要受降雨强度、降雨动能和污染物特征的影响。考虑了冲刷能力系数 C_F 的冲刷方程可以写成

$$F_w = \frac{P(t)}{P_0} = C_F (1 - e^{-kIt}) \tag{2-2}$$

式中，$P(t)$ 为 t 时刻污染物冲刷质量；P_0 为冲刷前污染物本底质量；C_F 为冲刷能力系数，其取值考虑了降雨强度的影响，取值范围为 0～1。

Muthusamy 等（2018）利用人工降雨试验模拟了不同初始负荷量、降雨强度和地表坡度对污染物冲刷量的影响，发现在任意时刻被冲刷出的颗粒物负荷量都与降雨强度、地表坡度、污染物沉积量三者的组合成正比，而冲刷能力系数 C_F

也应该是这些因素的函数。Ali 等（2017）也利用人工降雨试验对污染物冲刷能力进行研究，发现小粒径（<16 μm）和中等粒径（<100 μm）的颗粒物更易被冲刷，且光滑表面污染物比粗糙表面污染物更易被冲刷。

在污染物冲刷的研究中，初期冲刷效应也是一个研究热点。目前对于污染物初期冲刷没有一致的判别标准，但有部分广泛使用的判断标准，如初期 50% 的降雨径流中携带 50% 的污染物负荷，也有更严格的标准认为，初期 30% 的径流量中携带超过 80% 的污染负荷才能认为存在初期冲刷效应。虽然这些判断标准不同，但都认为初期污染物负荷比率大于径流量比率才存在初期冲刷效应。

影响初期冲刷效应发生的因素众多。Kang 等（2006）利用一种确定性模型对污染物初期冲刷效应进行模拟，发现汇流面积大小对是否存在初期冲刷效应影响很大，当汇流面积过大时，汇流时间增加，集水区出口近端的径流被多次混合，致使污染物浓度峰值滞后。任玉芬等（2013b）通过对北京屋顶和路面的降雨径流水质的监测发现，屋顶 TSS 等污染物均出现不同程度的初期冲刷效应，而污染物在路面的初始冲刷效应则不明显。不同种类污染物的初期冲刷效应也可能不同，溶解性污染物更容易向径流中转移且不会受到再沉积作用的影响，这使得其初期冲刷效应较颗粒物更加显著。

2.3　河网水环境承载力评价与面源污染削减分配

2.3.1　水环境承载力概念与计算方法

目前，国内外对水环境承载力概念的定义多样，涉及水域最大纳污能力、支持能力阈值、环境容量等内容。综合各种定义，本书将水环境承载力定义为在一定区域和一定时间状态下，水环境在保持自我调节功能和功能用途的前提下，所能承受的人类各种经济社会活动最大限度的能力。水环境承载力本质上是由水环境系统结构决定的表征水环境的一个客观属性，是水环境与外界物质输入输出、能量交换与自我调节能力的综合体现（李建兵，2009），反映水环境与人类活动之间的具体联系。目前，评估水环境承载力主要有两种方法：一是基于环境质量的评估方法，即通过计算污染物浓度与环境质量标准的比值反映水环境承载力状况；二是基于环境容量的评估方法，即通过计算污染物排放量与水环境容量的比值反映水环境承载力状况（引自中国环境科学研究院提交给生态环境部的《重要环境决策参考》，王金南等）。相较于基于浓度的评估，以环境容量为核心评估得到的水环境承载力更能为环境污染总量控制提供关键参数，为环境目标管理提供关键依据和约束条件（逢勇等，2010）。

　　水环境容量是指水体在规定的环境目标下所能容纳的污染物数量，其内涵与西方国家常提到的同化容量（assimilative capacity）、最大日负荷总量（total maximum daily load，TMDL）、环境容量（environmental capacity）等术语含义类似。水环境容量的大小与水质目标、水体特征、污染物特性、污染物排放的位置与方式等因素有关（张永良，1992；逄勇等，2010）。不同的水环境功能区划分下的水域有不同的水质目标要求，水质目标要求高的区域，水环境容量偏小；水质目标要求低的区域，水环境容量普遍偏大。不同类型的水体污染物对水生态系统和人类健康的影响程度不一样，故不同的污染物具有不同的环境容量。当污染物排放的位置越靠近人类活动区、引水区或考核控制断面，对水生态系统和人类健康的影响越大，环境容量数值越小；当污染源远离关键点位时，水体自净能力可在一定程度上削弱污染源对关键点位的影响，环境容量数值越大。水环境容量核算是我国现行水污染物总量控制的依据，是进行水环境规划的基础（黄玉凯，1990；付意成等，2010）。

　　目前水环境容量的计算方法分为定义公式法、模型试错法、系统优化分析法等。

1. 定义公式法

　　根据水环境容量定义而直接建立其计算公式，包括稀释容量和自净容量：

$$W = Q_0(C_s - C_0) \times 86.4 + KVC_s \times 10^{-3} + qC_s \times 86.4 \qquad (2-3)$$

式中，W 为水环境承载力；Q_0、C_0 为上游来水流量与污染物环境本底浓度；q 为旁侧降雨径流汇入河道流量，由降雨径流模型计算得出；C_s 为污染物控制标准浓度；V 为河道水体体积；K 为污染物综合降解系数；86.4 为单位转换系数。

　　此外还存在其他不同形式的公式，但大多基于上式改进而来。公式法结构清晰，计算便捷，且可与水动力水质模型结合，提供流量、水质浓度等关键模型参数。张剑等（2017）利用公式法在流域氨氮、COD 污染物分期、分区设计参数的基础上，动态计算了浑太河流域丰、平、枯水期水环境容量，为流域水质目标管理提供了依据。熊鸿斌等（2017）以引江济淮工程涡河段为例，利用 MIKE 11 水动力模型提供水环境容量公式中的流量和水质浓度参数，结合稀释流量比 m 值法计算了河流水环境容量。范丽丽（2008）考虑不均匀系数、平原河网区双向流特点对公式进行修正，结合水动力模型计算出各断面的水位、流量值作为设计水文条件，分别计算了太湖流域的河网和长江、太湖及 28 个小湖库的水环境容量。公式法是目前使用最为广泛的方法，已被《全国水环境容量核定技术指南》采用。

2. 模型试错法

　　模型试错法是通过反复调试各概化污染源的入河排放量，使控制断面的污染

物浓度不超过治理目标所允许的最大污染物入河量，模型公式为

$$\frac{\partial(AC)}{\partial t} + \frac{\partial(QC)}{\partial x} - \frac{\partial}{\partial x}\left(AE_x\frac{\partial C}{\partial x}\right) + KAC - W = 0 \qquad (2\text{-}4)$$

式中，W 为水环境承载力；A 为过水断面的面积；C 为污染物浓度；Q 为流量；E_x 为纵向扩散系数；x 为纵向长度；t 为时间；K 为污染物衰减系数。

卢小燕（2015）在 WASP7.3 水质模型验证的基础上，采用模型试错法计算了 2015 年松花江哈尔滨江段 5 个控制单元河段的水环境容量。徐凌云和陈江海（2017）通过构建基于 MIKE 11 的浙江省温岭市平原河网水环境数学模型，采用模型试错法对研究区域的水环境容量进行了研究，确定了近、远期污染物排放控制目标。

模型试错法计算中需以水环境数学模型为工具，其不足之处在于计算过程中需多次试算，耗时费力，计算效率低，因此相关研究不多，应用不广。

3. 系统优化分析法

系统分析法在基于水文水环境模型建立流域污染负荷与控制断面水质之间动态响应关系的基础上，以系统最大允许排放量为目标函数，以各河段最大允许排放污染负荷为决策变量，以控制断面的水质目标为约束条件，通过线性、非线性和动态等不同的系统分析方法计算最优解，即得到环境容量值。周刚等（2014）基于 WESC2D 模型计算了赣江下游化学需氧量和氨氮污染负荷的水质响应关系，采用粒子群算法中 RPSM（repulsive particle swarm method）非线性优化方法求解了水环境容量规划模型的约束非线性问题。

随着计算机计算能力的提高和大型综合水环境数学模型的出现，系统优化分析法得到了长足的发展。该方法具有计算自动化程度高、精度好、对边界条件适应能力强、适用区域广等特点，但需要在充分掌握研究区实际情况的基础上科学合理地规定约束条件，这直接决定了优化结果的可靠性，计算过程也比较复杂。

国内外于 20 世纪 60 年代初步开始水体环境承载力方面的研究工作，其评价对象主要集中在河流、湖库、海洋等水体。针对河流，Liebman 和 Lynn（1966）选择流量、流速等确定性变量参数建立容量模型，分析了超标情形下的水环境承载力与污染负荷分布。鲍琨等（2011）通过建立无锡宜兴市殷村港的一维稳态河道水质模型，并结合设计水文条件和边界条件，计算出基于控制断面水质达标的河流水环境容量。对于小型湖库，污染物在横向上认为基本达到均匀混合，主要根据设计流量和水位及库容，采用总体达标法中的零维容量模型，并考虑不均匀系数订正计算水环境容量（李恒鹏等，2013；逢勇等，2010）。大型湖库水文环流

形态和自净能力的时空差异显著，胡维平（1992）认为应将其划分为若干个不同的水功能区，分别计算各区的污染物允许排放量并相加求和得出整个湖泊的环境容量。针对河网区，徐贵泉等（2000）在充分考虑感潮河网区流向、流态时空多变性及影响因子的基础上，提出了基于感潮河网水质模型的水环境容量数值计算方法。罗缙等（2004）和范丽丽（2008）采用构建的平原河网区往复流河道的水环境容量模型，分别计算了研究区域正向流、反向流时的最大水域纳污能力。

2.3.2　污染负荷削减目标分配

基于污染总量控制目标下的污染负荷削减量优化分配是区域环境污染控制达标的核心和关键（孟祥明等，2008）。污染负荷分配是否适当关系到能否有效、有力地实现环境综合治理目标和社会经济各方面利益分配与协调，也是市场经济中进行排污权交易的前提和基础。相关研究有不同的表述，如环境容量分配、污染负荷分配、污染物削减量分配和排污权初始分配，但其本质基本相同。

在水环境容量分配中，公平与效率是两个重要的决策准则（李如忠和舒琨，2010）。效率优先准则曾是水环境容量分配研究的主流，该准则追求经济最优化，强调整体的经济效益，但是忽略了区域间差异性的客观存在，导致分配结果不公平，最终影响总量控制工作的开展，使总量分配难以实施（秦迪岚等，2013）。在市场经济条件下，公平性是水环境容量分配应遵循的首要准则。

影响水环境容量分配的主要因素有：①现状因素——当地的实际排污量是长期各种复杂影响因素和力量平衡后产生的综合作用的结果，存在一定的合理性和必然性。所以容量分配需要考虑区域的排污现状，以降低分配变化的波动性，提高分配的合理性。②社会经济因素——不同地区和不同行业的单位污染排放量产生的经济价值可能存在一定的差异，为了降低能耗，提高减排效率，水环境容量分配要考虑社会经济因素。③产业结构因素——为促进环境容量从高耗能产业向高排放效率产业的转移，区域产业结构也应成为环境容量分配考虑的因素。④技术经济所处阶段——区域经济发展阶段和科技发展水平的差异，导致不同地区达到同一标准的能力大小不同，如果超越当地实际经济技术水平，则会影响分配结果的合理性和现实可行性。

环境容量总量分配方法有许多，被美国国家环境保护局（EPA）列入美国最大日负荷总量（TMDL）计划的方法就有 22 种之多。目前使用比较普遍的主要有等比例分配法、层次分析法、多目标优化分配模型法、基尼系数法等。

1. 等比例分配法

该方法是最简单便捷的分配方法，以现状各污染源排放量占区域污染排放总量的比例为基础，将水环境容量等比例地分配到各污染源，各排放源等比例分担污染物排放责任。其具体计算公式如下：

$$X_i = X \times \lambda_i \tag{2-5}$$

$$\lambda_i = P_i / P \tag{2-6}$$

式中，X_i 为第 i 个污染源（$i=1,2,3,\cdots$）的削减量；X 为区域污染物的削减总量；λ_i 为第 i 个污染源排放量占区域污染物排放总量的比例；P_i 为第 i 个污染源的污染排放量（t/a）；P 为区域污染物排放总量（t/a）。

Johnson（1967）较早采用等比例分配法对研究区进行了等比例环境容量分配。卢小燕（2015）采用等比例分配法对松花江哈尔滨江段 5 个控制单元的各辖区及各排污企业水环境容量进行二次分配，分配后计算的各环境基尼系数均小于 0.2，较为公平合理。嵇灵烨（2018）利用等比例分配法对东苕溪流域涉及的区县进行水环境容量分配与污染负荷削减计算，并采用基尼系数评估分配结果的合理性，结果显示，分配方案可有效改善控制断面的水质状况。

等比例分配法具有数据易获取、操作简便的优势，可促使排放强度大的污染企业进行技术革新来削减污染物排放量。它的适用范围比较广，可用于污染源间的污染排放总量控制分配，也可用于流域-省-地市不同行政区域间的污染物排放总量分配。但其不考虑污染源的地理位置、自然条件与待分单元的治污能力与费用等差异，仍然存在一定的不公平性。

2. 层次分析法（AHP 法）

层次分析法是通过构造区域环境容量分配指标体系，结合专家咨询打分，确定各指标权重，再设计环境容量总量分配方案的方法。合理选取评价指标，构建目标层-准则层-指标层-决策层是 AHP 法的关键。目标层为环境容量；准则层一般涉及环境、经济、社会、技术等方面；指标层有人均 GDP、人均收入、三产比重、人口增长率、水污染承受能力等指标；决策层为各区域环境容量。李如忠等（2003）采用 AHP 法设计了定性与定量相结合描述判断矩阵的多指标决策的排污总量分配层次结构模型，并开展了合肥市区域水污染物排放总量的分配。李明（2012）选取相应的评价指标，应用层次分析法确定了辽河铁岭段水环境总量分配方案。层次分析法考虑问题比较全面，分配方案相对合理，不过指标的选取和权重的确定带有一定的主观性，易受人的认识局限性限制，且分配量和指标之间缺乏机理和逻辑上的定量联系（王媛等，2008）。

3. 多目标优化分配模型法

该方法最初由线性规划法而来，以区域污染排放总量最小或治理投资费用最小为目标函数。但随着研究的深入，单一目标函数不能满足要求，非线性规划法、动态规划法、灰色规划及模糊规划法等多目标分配模型得到应用。目标函数一般包括经济最优和水质最优两个目标。约束条件有浓度控制约束、总量控制约束、公平性约束、削减能力上下限约束等。

4. 基尼系数法

该方法借用经济学的环境基尼系数反映各区域单位经济、社会或环境指标所负荷的污染物排放的平等程度，也就是说依据区域的人口、经济和环境容量分配环境容量，使所分得的环境容量与区域的人口、经济和环境容量相匹配。基尼系数越小，表明区域间单位人口数量或单位经济规模所分配的环境容量越公平，一般环境领域基尼系数的合理范围为 0～0.2。

$$W_i = W \times (\alpha_1 S_i + \alpha_2 E_i + \alpha_3 D_i) \tag{2-7}$$

$$S_i = \frac{S_i'}{\sum S_i'}, \quad E_i = \frac{E_i'}{\sum E_i'}, \quad D_i = \frac{D_i'}{\sum D_i'} \tag{2-8}$$

式中，W 为区域水环境容量；W_i 为第 i 个分配单元分配到的水环境容量；S_i 为第 i 个分配单元利用水环境资源的社会效益系数；S_i' 为第 i 个分配单元的社会指标，如人口数、土地利用面积等；E_i 为第 i 个分配单元利用水环境资源的经济效益系数；E_i' 为第 i 个分配单元的经济指标，如年 GDP 产值、年人均收入、年人均消费水平等；D_i 为第 i 个分配单元的水资源贡献率或污染排放贡献率；D_i' 为第 i 个分配单元的水资源量或污染排放量；α_1、α_2、α_3 为各指标权重。该方法一般先对 α_1、α_2、α_3 赋予初始权重，开展初始分配，再利用基尼系数评估分配结果，如所有指标的基尼系数均小于 0.2，则分配结果合理；如某个指标大于 0.2，则对结果进行修正，使基尼系数达到合理范围，获得最终分配结果。

但上述方法仅将基尼系数作为一种评估手段，依据分配方案的基尼系数计算结果进行调整，并没有模型化，使得调整具有较大的主观随意性，不能确保分配方案的最优化和唯一性。王媛等（2008）通过选择总人口、土地面积、GDP 和环境容量作为人口、资源、经济和水环境自净能力四个方面的代表性指标，以基尼系数总和最小为目标函数，设定合理的运算规则和约束条件（总量削减约束、现状基尼系数约束、削减比例约束），进行海河流域某市 18 个区县 COD 分配的优化求解，制订了最优分配方案，影响污染物总量分配。田平等（2014）针对张家港市实际情况，选取 GDP、人口数量、土地面积和环境容量这四项指标构建综合环境基尼系数最小化模型，并将其运用于该区域污染物目标总量分配的最优化求解。李如忠和舒琨（2010）选取 GDP、人口数量、水资源量、工业产值、工业废水排放量、环保投资等 6 个指标，采用熵值法确定各指标权重，以各指标基尼系数总和最小为目标函数，对巢湖流域各县市的水污染负荷进项分配。在此基础上，李如忠和舒琨（2011）充分考虑多目标优化，构建了以区域环境经济效益最大化、水污染负荷削减费用和加权综合基尼系数最小化为目标的水污染负荷分配多目标决策优化模型用于巢湖流域 COD 污染负荷的空间分配。

综上所述，国内外已在河流、湖库、河网等水域开展了大量水环境容量与面源污染目标分配研究，取得了许多成果，完善与丰富了水环境容量评价与污染源控制削减的理论知识与方法体系。而关于滨湖城市河网区的研究较少，主要是因为该类地区河网密集，支浜众多，且存在大量的堰、水闸、泵站等控制工程，天然水系受到人为阻隔，为其水环境容量的核算和污染削减分配方案的制定带来了一定难度。因此，科学确定滨湖平原河网区的水环境容量，依据一定原则合理分配污染物削减量，对区域水污染综合整治有着重要的理论意义及实践价值。

2.4　城市面源污染控制技术及应用情况

以低影响开发为代表的面源控制技术在 20 世纪 90 年代由美国首先提出，这是一种管理暴雨和控制面源污染的全新概念，一般适用在一些投资少或者规模不大的雨洪控制措施中，用于还原之前的水文特征。有关工程实践表明，低影响开发技术的适用范围很广，包括控制城市暴雨内涝及削减降雨径流污染等。其中具体的实际工程措施有植被过滤带、滞留及持留系统、人工湿地、渗透系统、过滤系统等。尽管上述工程措施在实际案例运行中取得了一定成效，但仍然存在需要改进和完善之处。

2.4.1　植被过滤带

植被过滤带也称植被缓冲带，文献中还有许多其他类似的术语，如缓冲带、河岸植被带、河岸缓冲带等，从本质上来说就是一种植被带，其作用在于把产生面源污染的硬质路面与相邻区域内的水体之间的直接联系打断。这样便可将原本流量很大的径流转换成薄层水流，既可以削减洪峰，也能够起到减小径流污染的作用。这种方法的去污原理是利用植被带的过滤及植物根系和土壤颗粒的吸附作用，来去除降雨径流所携带的污染物质，从而达到去污效果。早在 20 世纪 60 年代末，外国学者 Wilson（1967）及 Mather（1969）就曾经深入研究过植被过滤带。到了 70 年代末后，有学者通过在水域中种植植被来研究其削减点源污染的能力。在此之后，部分学者开始研究植被过滤带的作用机理、效益比较及其影响因子等。美国和加拿大将植被过滤带定位为流域管理的一种水土管理最佳经营措施，欧洲的一些国家也对植被过滤带有所研究和应用。

2.4.2　滞留及持留系统

滞留和持留系统所包含的具体工程措施比较广泛，典型代表有地下储水池、涵管、雨水花园、水塘等。滞留和持留系统的功能比较相似，通常让人难以区分，然而两者之间有明显差异，前者只能控制径流流量，而后者在控制径流流量的基础上还能起到削减污染物的作用。滞留系统为了能够在大流量时以最佳状态去蓄水，会选择在降雨的间歇期将系统中的余水清空，排入水体中。与滞留系统相反，持留系统内的余水有利于水生植物和微生物削减径流污染，因此该系统无须在晴天将余水清空。地下雨水收集池和塘是目前应用较多的两种系统，污染严重或者可用土地面积较少的地方一般会考虑雨水收集池，不过该设施的缺点也比较明显，不仅需要较高的投资成本，而且后期不容易清理和维护。

2.4.3　人工湿地

人工湿地作为一种新的污水处理技术，实际上就是人工制造的湿地，其作用机理是利用土壤、填料、水生植物及微生物的一系列反应，达到削减水体污染的目的。该项技术能够很好地去除水体中的大部分污染物，包括 SS、有机污染物、氮和磷等，同时还能有效地去除部分外源化学物等。人工湿地在诸多污水处理技术中有着独特的优势，首先它能够高效地去除污染物，其次投资成本比较低，而且维护操作相对容易，同时还有一定的景观效果，因此该技术在未来水处理领域中的应用具有巨大的潜力。

2.4.4　渗透系统

在降雨径流流量较大的时候，渗透系统能够截留部分径流，直到径流结束后缓慢地渗透至地下，从而实现就地处理径流的目的。渗透系统控制雨洪问题主要是从三个方面入手：一是能够储存部分径流；二是能够削减径流污染负荷；三是能将蓄渗的径流补充到地下水中。

通常像道路、加油站和停车场等污染较为严重的区域都会设置渗坑，或者选择设计成景观公园之类的休闲场所，因此这项技术是比较受居民欢迎的。渗渠一般是指人为开挖的集水管渠，在管渠的底部铺设填料，填料的上方铺设砾石，砾石层的主要作用是截留降雨径流，同时还能保证一定的下渗速率。地表径流在进入渗渠后开始下渗，并由管渠底部和侧面逐步渗透进土层。渗渠的最关键问题就在于排水，因此在设计渗渠时要考虑全面、设计合理，以防堵塞。德国的学者 Sieker（1998）发现，渗坑+渗渠系统对水质的净化作用很显著，甚至能达到饮用水水质标准。

研究发现，多孔路面的空隙率达到两成以上时，空隙就可以在削减径流流量的同时净化水质。但是考虑到路面结构承载力上的要求，空隙率不能太大，因此其透水能力要远低于其他渗透系统。这也就注定了其使用的局限性，一般只会出现在非主干道、辅道或者停车场一类的路面上。美国的学者对此做了长期监测，发现透水路面的使用年限较高，耐用性好，而且对径流污染的处理效果显著，尤其是对有机物和重金属。

2.4.5　过滤系统

过滤系统的作用机理主要是依靠填料层对径流污染中的颗粒态物质进行截留，常见的填料有砾石、鹅卵石、沙子等。在污染较为严重的区域可以添加一些吸附性能较好的材料，如沸石、石灰石、钢渣、石英砂、矿渣等。常见的过滤系统主要有两种类型：表层砂滤器和地下砂滤器。研究发现，将土壤作为填料，能够有效地控制不同降雨强度的径流污染。

第3章 滨湖城市河网区概况

3.1 地理位置

研究区位于江苏省无锡市滨湖区,纬度31°30′34″N～31°33′31″N,经度120°13′7″E～120°19′58″E,面积29.76km²(图3-1)。该区地处长江三角洲走廊,江苏省东南部,无锡市西南部。南依太湖,北接梁溪、惠山两区,西临常州市武进区。境内水陆交通便捷,环太湖公路、京杭大运河、锡宜高速公路穿境而过,距离张家港、江阴港、无锡机场、上海虹桥机场和浦东机场、南京禄口机场均很近,组成了立体的铁路、公路、水运、航空四通八达的交通运输网络。居住区、工业区和农田分别占43.81%、16.96%和11.12%,道路、文化用地、裸地、绿地和河流仅占很小比例。

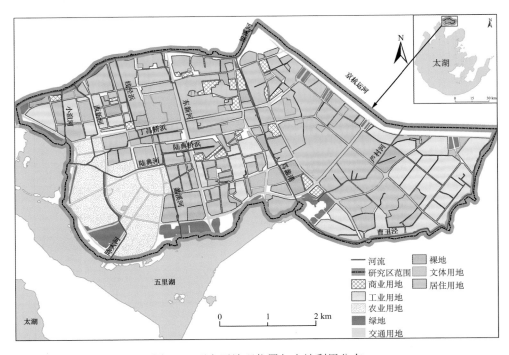

图3-1 研究区地理位置与土地利用分布

3.2 气候水文

滨湖区属北亚热带季风气候，多年平均气温为 15.6℃（无锡站，下同），极端最低气温为–12.5℃（1969 年），极端最高气温为 39.9℃（2003 年）；最冷出现在 1 月份，月平均气温为 2.9℃，月平均最低气温为–0.3℃；最热出现在 7 月份，月平均气温为 28.0℃，月平均最高气温为 31.9℃。年平均无霜期约为 222 天，最早初霜日为 1955 年 10 月 19 日，最晚终霜日为 1961 年和 1987 年 4 月 16 日。年平均相对湿度为 80%；年平均水面蒸发量为 935mm，最大为 1223mm（1967 年），最小为 741mm（1980 年）；陆地蒸发量为 756mm。

滨湖区多年平均降水量为 1112.3mm，年平均降水日数为 125 天。降水年际变化较大，1954 年降水量达 1521.3mm，1991 年为 1630.7mm，而 1978 年降水量仅为 552.9mm；降水量时空分布不均，5～9 月份的汛期雨量约占年平均降水量的 60%～70%，汛期最大降水量记录为 1991 年，达 1216.1mm。每年春夏之交，为典型的梅雨期，其特点为范围广、雨期长、雨量集中。平均梅雨日约为 27 天，平均梅雨量为 246.1mm；最长梅雨期 56 天（1954 年，梅雨量为 410mm），最大梅雨量为 792.2mm（1991 年，梅雨期 55 天）。

区域内河道纵横，水网密布，是典型的滨湖城市河网区。除太湖外，全区共有大小河道 534 条，总长度 425km。境内拥有五里湖、梅梁湖、贡湖水域，全区沿太湖湖岸长达 112.6km。水资源历年平均总量为 48500 万 m^3，地表水平均总量为 46000 万 m^3，地表水年用水总量为 3587 万 m^3。汛期为每年的 5～9 月，非汛期为 10 月至翌年的 4 月。多年平均水位为 3.06m，历史最高水位为 4.88m（1991 年 7 月 2 日），历史最低水位为 1.92m（1934 年 8 月 26 日）。多年平均最高水位为 3.90m，多年平均最低水位为 2.69m。警戒水位为 3.59m。

3.3 社会经济

2018 年年末，全区常住人口为 71.6 万人，其中城镇人口 58.78 万人，城市化率达到 82.1%，比上年增长 0.33 个百分点。全区 2018 年年末户籍人口为 52.57 万人，人口出生率 9.89‰，人口死亡率 6.6‰，人口自然增长率为 3.29‰。

2018 年，全区实现地区生产总值 1050.35 亿元，比上年增长 7.6%。三次产业结构由上年的 0.5∶44∶55.5 调整为 0.3∶43.7∶56。按常住人口计算，人均生产总值达到 14.74 万元；一般公共预算收入为 103.69 亿元；全年全社会固定资产投资为 675.45 亿元；高新技术产业产值占规模以上工业产值的比重为 62.1%；全年实现社会消费品零售总额 308.97 亿元，比上年增长 10.4%；到位注册外资 2.67 亿美元，出口 22.83 亿美元；居民人均可支配收入 51798 元；旅游总收入 270.99 亿元，接待国内游客 2478.3 万人次。

第4章　城市河网区面源污染负荷核算与源解析

4.1　面源污染来源调查与监测分析

开展城市滨湖区水环境诊断，是进行面源污染研究的基础。通过样品采集、分析等手段，可反映出水体污染物的组成，在一定程度上反映污染物的可能来源。并且，不同土地利用类型下地表污染物累积量存在空间异质性，降雨产生的径流水体中污染物浓度也同样存在空间异质性。因此，本节的内容包括样品采集与分析、河流水质时空特征、河流水体的污染物组成及来源分析、面源污染物累积特征和城市地表降雨径流过程氮磷特征及源解析。

4.1.1　样品采集与分析

1. 河流样品采集

根据研究区土地利用方式、河流水文特征和排水口分布，本书选取了9条河流进行样品采集（图4-1）。根据土地利用方式和周边环境状况，9个采样点被分为四组：骂蠡港河（MLG），包括采样点 S1～S3，具有众多雨水排水口，且与梁溪河连接，水体流动缓慢；梁溪河（LX），S4 和 S5 分别位于梁溪河下游和上游，其来水主要为上游蠡湖补给；农业区河流（FL），S6 位于河流断头浜处，其来水主要为农田区降雨径流补给和偶尔的蠡湖泵站调水；城中心河流（DT），S7～S9 位于三条河流中，城中心河流主要来水为城市地表降雨径流补给。采样点详细位置见图4-1。2018年3月至2019年2月逐月对上述河流进行样品采集。用润洗过的玻璃采水器从河流 30cm 深处采集水样置于清洗过的聚乙烯瓶中，并放入便携式保温箱中，尽快送至实验室进行分析。

2. 地表累积污染物样品采集

地表累积污染物在降雨冲刷下，形成径流污染后进入河流，成为城市河流主要污染来源。本书对滨湖区进行高密度地表累积污染物采样与分析，探究滨湖区城市地表污染物最大可被冲刷量及其空间分布特征。研究选取文体用地（Aps）、居住用地（Ra）、道路用地（Ro）、绿化用地（Gs）、停车场（Pa）、工业用地（Ia）、商业用地（Ca）共 7 种用地类型 28 个采样点，其路面材质包括混凝土、沥青、石砖和大理石（图 4-1）。其中，选取的居住用地主要为新建小区和老旧小区共 16 个，分布较为分散，路面材质为沥青和混凝土；1 个文体用地位于滨湖区政府旁，路面材质为大理石板；道路用地 3 个，位于外围主路和城市内主路；1 个绿化用地选取公园内路面，路面材质为石砖；停车场选取小区和写字楼停车场 2 个，路面材质为混凝土和沥青；工业用地选取软件园、写字楼共 4 个，路面材质为沥青和大理石板；商业用地选取美食街路面 1 个，路面材质为大理石板。

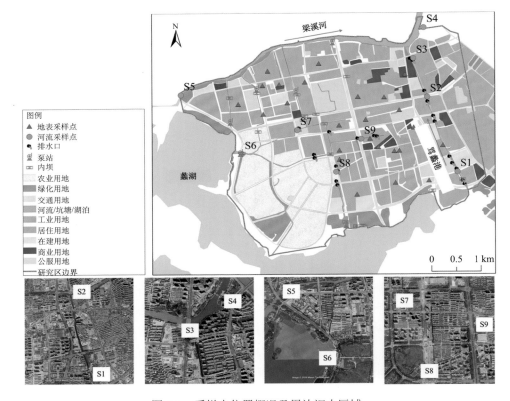

图 4-1　采样点位置概况及周边汇水区域

地表累积物的采样方法一般有湿法采样和干法采样两种（江燕等，2017；Miguntanna et al., 2010）。由于干法采样会导致细粒径灰尘损失较高（常静等，2007；Miguntanna et al., 2010; Vaze and Chiew, 2002），因而本书采用采集效率更高的湿法采样并加以改进。本书采样前晴天数为 15 天，地表污染物累积量可达到最大值（Chow et al., 2015）。与传统湿法采样不同，在本书采样过程中，将 40cm × 40cm ×

2cm 方格空间置于选择的采样点内，在方格外侧用玻璃胶密封以避免水样渗漏。布置完采样区域后，先用纯水湿润采样区域至不渗透。然后倒入 1L 纯水并用塑料毛刷充分刷洗地面，使表面污染物溶解或转移至水中。充分搅拌混合并避免水样溅出，然后吸入采样瓶中。将采集的样品保存在带有冰袋的保温箱中，并尽快送至实验室冷冻至分析。污染物单位累积浓度 Ac 可用如下公式计算：

$$Ac_i = \frac{C_i}{0.4 \times 0.4} \tag{4-1}$$

式中，Ac_i 为第 i 种污染物单位累积量（mg/m^2）；C_i 为采集水样中第 i 种污染物浓度（mg/L）。

不同用地类型上污染物累积量采用如下公式计算：

$$Q_{(i,j)} = \overline{C}_{(i,j)} \times A_i \tag{4-2}$$

式中，$Q_{(i,j)}$ 是 i 种污染物在用地类型 j 上的累积量（kg）；$\overline{C}_{(i,j)}$ 是平均累积浓度（kg/m^2）；A_i 是用地类型 i 的面积（m^2）。

3. 样品分析

过滤前水样用于分析水体中总氮（TN）和总磷（TP）浓度，经 GF/C 玻璃微纤维滤膜（孔径 1.2μm，GF/C，沃特曼公司 Whatman）过滤后的水样用于分析铵态氮（NH_4^+-N）、硝态氮（NO_3^--N）、亚硝态氮（NO_2^--N）和溶解性磷酸盐（PO_4^{3-}-P）浓度。采用连续注射分析仪（Skalar San plus，荷兰）测定 TN、TP、NH_4^+-N、NO_3^--N、NO_2^--N、PO_4^{3-}-P 浓度，各指标分析方法均按照连续注射分析仪标准方法进行，方法检测限：TN、NH_4^+-N、NO_3^--N 为 0.01mg/L，TP、PO_4^{3-}-P、NO_2^--N 为 0.001mg/L。溶解性无机氮（DIN）为 NH_4^+-N、NO_3^--N 和 NO_2^--N 浓度之和。悬浮颗粒物（SS）测定方法采用重量法（GB 11901—1989）测定，方法检测限为 0.0001mg/L。

4.1.2　河流水质时空特征

研究分析了滨湖区 9 条典型城市河流水体中氮磷组成及浓度特征（n=108），研究结果表明，2018 年 3 月至 2019 年 2 月研究区河流水体中 TN 浓度为 0.5～15.2mg/L，平均值为 4.0mg/L，变异系数（CV）为 74.9%；NH_4^+-N 浓度低于检测限～12.9mg/L，平均值为 2.6mg/L，CV 为 108.7%；NO_3^--N 浓度低于检测限～3.5mg/L，平均值为 0.7mg/L，CV 为 88.9%（图 4-2）。研究区城市河流水体中氮主要以 DIN 形式存在，DIN 浓度占 TN 浓度的百分比为 11.1%～99.0%，平均值为 74.4%。此外，研究区城市河流水体中 NH_4^+-N 为 DIN 的主要组成部分，占 DIN 的百分比为 6.4%～99.9%，平均值为 68.4%；NO_3^--N 占 DIN 的百分比为 0.02%～

97.3%，平均值为 29.4%。研究区河流水体 TP 浓度为 0.03～1.6mg/L，平均值为
0.4mg/L，CV 值为 88.6%；PO_4^{3-}-P 浓度低于检测限～1.0mg/L，平均值为 0.14mg/L，
CV 值为 132.0%，其中 PO_4^{3-}-P 占 TP 的百分比为 0.3%～95.5%，平均值为 31.3%
（图 4-2），这一研究结果与其他城市及农村区河流水体中磷组分一致。

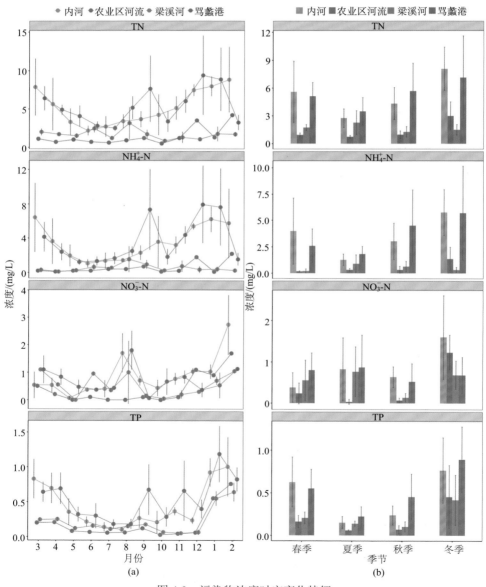

图 4-2　污染物浓度时空变化特征

　　研究区河流水体中氮污染物浓度高的变异系数表明，氮组成及浓度存在显著的时空变化特征。总体来看，城中心河流和骂蠡港河流中 TN、NH_4^+-N 和 NO_3^--N 平均浓度分别为 5.3mg/L、3.6mg/L 和 0.8mg/L，均显著高于梁溪河和农业区河流（二者平均值分别为 1.5mg/L、0.5mg/L 和 0.5mg/L）（图 4-2）。梁溪河和农业区河流来水分别为蠡湖和农业区/未利用地径流，水质相对较好，且与京杭运河连通，有利于水体自净。其中位于梁溪河的 S4 点污染物浓度高于 S5，说明在 S4 至 S5 河段有明显污染物输入，其来源主要为沿河排水口和骂蠡港。通过对比城中心河流三个采样点可以发现，TN、TP、NH_4^+-N 浓度整体呈 S7<S8<S9 的趋势。这是因为 S7 采样点位于新开发地区，周围为新小区、商业区和学校，S8 和 S9 采样点周围均为旧住宅小区且雨水排污口较多，导致采样点污染物来源和浓度存在一定的差异。骂蠡港三个采样点水质也存在空间差异性。采样污染物浓度的空间异质性反映了其来源的差异性，进而说明污染物面源污染源存在空间差异性。

　　月变化趋势总体上呈现一定的季节变化规律，冬季内河和骂蠡港河流水体 TN、NH_4^+-N 和 NO_3^--N 平均浓度均高于其他季节，平均值分别为 7.6mg/L、5.7mg/L 和 1.1mg/L，梁溪河河流水体夏季 TN、NH_4^+-N 和 NO_3^--N 浓度高于其他季节，平均值分别为 2.3mg/L、0.93mg/L 和 0.77mg/L，农业区河流水体冬季显著高于其他季节，TN、NH_4^+-N 和 NO_3^--N 浓度分别为 3.0mg/L、1.4mg/L 和 1.3mg/L。其水体中氮磷污染物浓度的变化，可能与降雨携带面源污染输入有关。降雨前期的晴天时间越长，水体中污染物浓度相对越高，说明水体中污染物浓度主要来源于降雨-径流对面源污染物的冲刷与携带。外围水系污染物（除硝酸盐）浓度受降雨影响相对较小，也说明了 S4 和 S5 河段降雨径流的外源输入较少，主要为蠡湖输入。

　　滨湖区河流水体中磷浓度高的变异系数表明，河流中磷污染同样存在显著的时空差异特征（图 4-2）。内河和骂蠡港河流水体 TP 浓度分别为（0.45±0.33）mg/L 和（0.52±0.31）mg/L，显著高于梁溪河［（0.22±0.19）mg/L］和农业区河流［（0.19±0.23）mg/L］（$P<0.05$）。内河和骂蠡港河流水体 TP 月变化趋势整体呈 3～8 月逐渐降低，9 月～次年 2 月逐渐升高。梁溪河和农业区河流水体中 TP 浓度整体呈 3～12 月波动降低，次年 1～2 月骤增的变化趋势。研究区河流水体 TP 浓度月变化趋势总体上呈现季节变化特征，春季和冬季内河、梁溪河、骂蠡港和农业区河流中 TP 浓度显著高于其他季节，夏季 TP 浓度最低。整体来看，研究区河流水体 TP 浓度冬季为（0.70±0.40）mg/L、春季为（0.46±0.28）mg/L、秋季为（0.22±0.22）mg/L、夏季为（0.16±0.09）mg/L。

4.1.3　河流水体的污染物组成及来源分析

　　研究区河流水体中 NH_4^+-N/TN 和 NO_3^--N/TN 也存在差异性（图 4-3）。在城中心河流和骂蠡港河流中 NH_4^+-N/TN 平均值分别为 61.5% 和 61.4%，显著高于 NO_3^--N/TN（平均值分别为 19.3% 和 16.6%）。在农业区河流和梁溪河中 5～12 月 NH_4^+-N/TN 分别为 38.1% 和 37.1%，高于 NO_3^--N/TN（分别为 10.6% 和 19.5%），而在 1～4 月则分别为 21.2% 和 12.8%，低于 NO_3^--N/TN（分别为 44.2% 和 49.3%）。城中心河流和骂蠡港水体 NH_4^+-N/TN 值高于农业区河流和梁溪河，而 NO_3^--N/TN 值较低。虽然采样河流均位于高度城市化地区，但其水体中氮组成呈现出明显差异。先前研究表明，城市内河流（如 DT 和 MLG 河流）作为城市面源污染如污水渗漏、径流污染等的受纳水体，通常具有高的 NH_4^+-N 比例（Zhang et al., 2015）。一方面因为渗漏污水（未经过硝化处理）及城市地表径流中 NH_4^+-N 浓度均高于 NO_3^--N（张香丽等, 2018; Grimm et al., 2008），另一方面则是较差的城市河流流动性和河流生态系统导致了水体中溶解氧（DO）含量较低（MLG 和 DT 河流中 DO 为 4.4mg/L），加上硬质的河岸，导致径流过程及河流中硝化作用较弱（Kaye et al., 2006; Zhao et al., 2015）；上述两方面原因可能导致了 MLG 和 DT 较高的 NH_4^+-N/TN 值。LX 和 FL 河流与其他农业区河流及湖泊补给的河流水体中氮组成基本一致，主要是河流水体中较高的 DO 含量（LX 和 FL 河流中 DO 为 7.7mg/L）更利于硝化作用，例如 Zhang 等（2015）研究发现，DO 与 NH_4^+-N 浓度呈负对数相关关系。此外，城市河流水体中高的 NH_4^+-N/TN 值与地表累积污染物中高的 NH_4^+-N/TN 结果一致（NH_4^+-N/TN 为 11.3%，NO_3^--N/TN 为 2.3%），说明地表累积氮是 DT 和 MLG 的氮主要来源并对河流氮形态组成产生影响（Müller et al., 2019; Zhang et al., 2015）。

　　研究区河流水体中的 PO_4^{3-}-P 虽然不是磷的主要形态，但其占 TP 的比例仍呈现空间差异特征（图 4-3）。DT 和 MLG 河流水体中 PO_4^{3-}-P 占 TP 的比例（PO_4^{3-}-P/TP）分别为（41.3±20.2）% 和（35.1±19.7）%，显著高于 FL 和 LX 河流 [PO_4^{3-}-P/TP 平均值分别为（14.5±22.7）% 和（17.2±16.5）%]（$P<0.05$）。PO_4^{3-}-P/TP 无显著的季节变化特征（$P>0.05$）。

4.1.4　面源污染物累积特征

　　2018 年 7 月，对研究区面源污染物进行了采样分析，确定了不同功能区及下垫面的面源污染负荷量（图 4-4 和图 4-5），核算了研究区平均污染物最大可冲刷量。其中，TN 污染负荷率在工业用地为 47.4mg/m²、绿化用地（采样点为不透水路面）为 99.5mg/m²、居住用地为 71.8mg/m²、商业用地为 51.0mg/m²、停车场为 48.9mg/m²、文体用地为 52.3mg/m²、道路用地为 60.0mg/m²；TP 污染负荷率在工

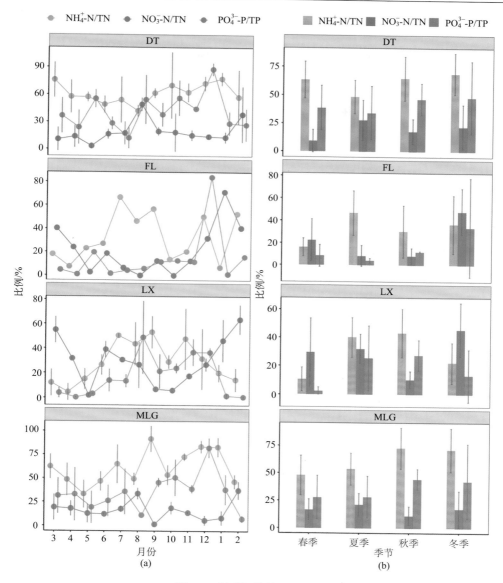

图 4-3　氮磷污染物组成特征

业用地为 2.4mg/m²、绿化用地为 11.0mg/m²、居住用地为 11.2mg/m²、商业用地为 1.2mg/m²、停车场为 2.9mg/m²、文体用地为 0.6mg/m²、道路用地为 5.8mg/m²（图 4-4）。

　　土地利用方式会影响城市地表氮磷污染物累积浓度及主要组分（李如忠等，2012）。本书采集了 7 种功能区地表累积样品，其氮磷污染物累积浓度存在明显的空间异质性（图 4-4）。绿化用地具有较高的 TN、TP、NH_4^+-N、NO_2^--N 和 PO_4^{3-}-P

累积浓度，其平均值分别为 99.5mg/m² 、11.0mg/m² 、12.0mg/m² 、1.3mg/m² 和 1.8mg/m²。居住用地作为人类活动较为频繁的区域，同样具有较高的 TN、TP、NH_4^+-N 和 PO_4^{3-}-P 累积浓度，其平均值分别为 71.8mg/m² 、11.2mg/m² 、7.8mg/m² 和 1.2mg/m²。文体用地、商业用地和工业用地 NO_3^--N 累积浓度高于其他功能区，

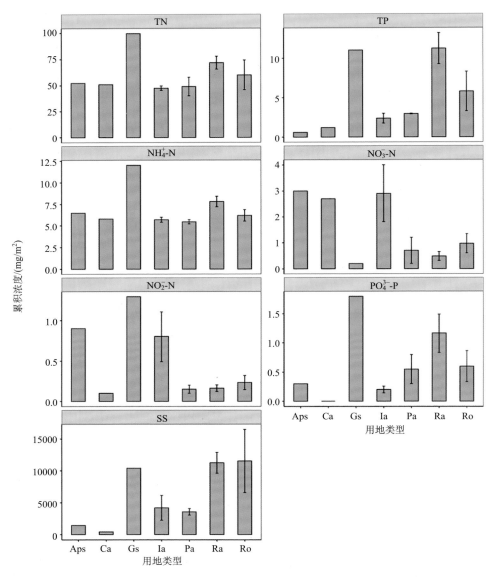

图 4-4　不同功能区地表污染物累积量

平均值分别为 3.0mg/m²、2.7mg/m² 和 2.9mg/m²。道路用地、居住用地和绿化用地地表 SS 累积浓度显著高于其他功能区，平均值分别为 11550mg/m²、11264mg/m² 和 10416mg/m²。施为光（1991）通过研究成都市区污染物累积特征发现，污染物累积浓度呈工业区>居民区>交通区>商业区的趋势，这与本书结果有一定区别。有研究表明，低的路面清扫率有利于污染物的累积（韩冰等，2005b），而混凝土路面材质更有利于污染物截留（Wicke et al., 2012）。绿化用地采样点位于人行道，路面清扫率极低，此外，路旁土壤在降雨期被径流携带并滞留在人行道地表，这可能导致了较高的地表累积氮磷浓度。本书中工业用地主要是软件园和写字楼，主要路面材质为大理石板和柏油马路，且路面清扫率较高，导致人为影响下的污染物累积相对较低。居住用地人类生活活动比较剧烈，存在生活污水泼洒现象，可能使居住用地具有高的地表氮磷累积量。

　　研究区城市地表不透水面材质主要包含四种：一是沥青路面，主要用于主要交通干线和新建小区路面；二是混凝土路面，主要用于老旧小区路面；三是大理石板，主要位于步行街人行道和活动广场；四是石砖路面，仅少量用于绿化用地路面且研究只采集了一个样品，本节不做讨论。研究结果表明，混凝土地表具有最高的 TN、TP、NH_4^+-N、PO_4^{3-}-P 和 SS 累积浓度，平均值分别为 77.4mg/m²、13.2mg/m²、8.9mg/m²、1.2mg/m² 和 10707mg/m²；其次是沥青地表，TN、TP、NH_4^+-N、PO_4^{3-}-P 和 SS 累积浓度分别为 62.1mg/m²、7.2mg/m²、6.5mg/m²、0.8mg/m² 和 10649.8mg/m²；大理石板地表具有最低的 TN、TP、NH_4^+-N、PO_4^{3-}-P 和 SS 累积量浓度，平均值分别为 46.3mg/m²、1.4mg/m²、5.6mg/m²、0.2mg/m² 和 1190.8mg/m²。大理石板地表具有最高的 NO_3^--N 和 NO_2^--N 累积浓度，平均值分别为 3.6mg/m² 和 0.4mg/m²；其次是沥青地表，平均值为 0.6mg/m² 和 0.4mg/m²；混凝土地表具有最低的 NO_3^--N 和 NO_2^--N 累积浓度（图 4-5）。总体来看，混凝土材质地表更利于氮磷污染物及颗粒物累积。

　　不同地表材质间氮磷累积量差异一方面与所在功能区类型有关，另一方面与路面材质本身性质有关。不同路面材质具有不同的表面糙率，进而影响污染物冲刷量，一般情况下沥青地表糙率大于混凝土地表。Zhao 等（2018）研究发现，沥青路面较混凝土路面有高的污染物累积量和冲刷负荷。此外，张香丽等（2018）研究发现，降雨冲刷累积负荷中沥青地面>混凝土地面>铺装路面，这导致混凝土地表会残留更多的氮磷污染物。在本书中，沥青地面多为新小区和道路，清扫率高，这可能导致降雨后残留污染物量混凝土地表>沥青地表，这与本书结果具有一致性。

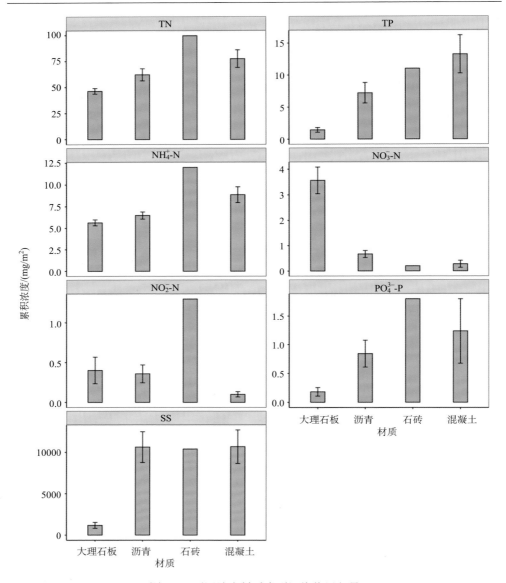

图 4-5　不同地表材质类型污染物累积量

1. 面源污染物累积量估算

选取可用于统计的五种用地类型（表 4-1），其中停车场归于其他用地类型，公园用地则由于绿地面积较多，并未进行累积量的统计。研究结果表明，居住用地具有最高的污染物累积量，商业用地污染物累积量最低，从式（4-2）也可以看出，污染物浓度差异远小于用地类型面积对累积总量的影响。五种用地类型面积之和占总面积的 60.19%，污染物总累积量为 TN：777.2kg，TP：97.1kg，NH_4^+-N：86.0kg，NO_3^--N：13.8kg，NO_2^--N：3.6kg，PO_4^{3-}-P：10.1kg，TSS：107854.0kg。从 N、P 污染物组成来看，无机氮和 PO_4^{3-}-P 累积较少，累积的 TN 和 TP 主要是颗粒态 N、P。无机氮组分中，NH_4^+-N 是主要累积污染物。

表 4-1　污染物累积总量估算

用地类型	面积/m^2	面积比/%	TN/kg	TP/kg	NH_4^+-N/kg	NO_3^--N/kg	NO_2^--N/kg	PO_4^{3-}-P/kg	TSS/kg
工业用地	1288870.4	6.48	61.1	3.0	7.3	3.8	1.0	0.3	5418.5
居住用地	7602821.4	38.23	545.9	85.2	59.5	3.6	1.2	8.8	85644.1
商业用地	600858.2	3.02	30.7	0.7	3.5	1.6	0.1	0.0	252.0
文体用地	1195295.2	6.01	62.5	0.7	7.8	3.6	1.0	0.3	1717.5
道路用地	1283278.1	6.45	77.0	7.5	7.9	1.2	0.3	0.7	14821.9
总量	11971123.3	60.19	777.2	97.1	86.0	13.8	3.6	10.1	107854.0

2. 面源污染累积空间分布

通过实测研究范围内各指标污染物浓度，采用空间插值方法，获得各污染物浓度的空间分布图（图 4-6）。可以看出，TN 面源污染物浓度呈现从城市中心向外围逐渐减小的趋势，结合图 4-2 和实地考察发现，浓度高的区域主要位于老住宅区。TP 空间变化趋势与 TN 类似，呈现出城中心浓度高，外围浓度低的状态。先前分析表明，NH_4^+-N 与 TN 具有显著相关性，虽然 NH_4^+-N 在空间分布上与 TN 相似，但其空间分布的分异性更显著，风险区也较集中。NO_3^--N 空间分布特征与其他截然不同，呈现出城中心低外围高的状态，即浓度较低的点多出现在居住区。SS 空间分布特征总体上也呈现由城中心向外围减小的趋势。

针对不同污染物浓度空间插值结果进行分析，初步得出研究区内可能的污染物高累积区（图 4-6）。NO_3^--N 高累积区主要位于中南西路以北，隐秀路以西，建筑路以南，景宜路以东，以工业区为主。TN 高累积区主要位于老湖滨路以北，建筑路以南，北华路—华巷路以西，蠡溪路以东，主要功能区为居住区。NH_4^+-N 高累积区主要位于望山路以北，建筑路以南，北华路—华巷路以西，蠡溪路以东，主要功能区为居住区。TP 高累积区主要位于隐秀路以北，稻香路以南，北华路—华巷路以西，蠡溪路以东，主要功能区为居住区。SS 累积区主要位于金城西路以北，望山路以南，蠡湖大道以西，双虹路以东，主要功能区为居住区。从图 4-6

中风险区地理位置可以看出，TN、TP、NH_4^+-N 高累积区较接近且重叠区域属于老式住宅区；NO_3^--N 高累积区与其他指标差距较大，先前调查发现，河流及面源污染中 NO_3^--N 占比较少，不是氮的主要形态，故其高累积区可不做重点考虑。

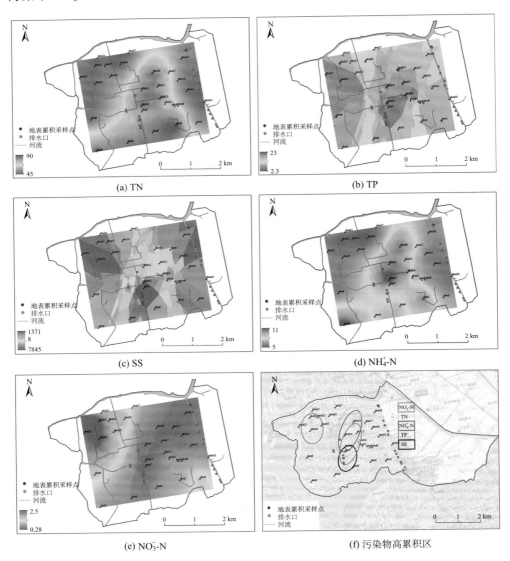

图 4-6　TN、TP、SS、NH_4^+-N、NO_3^--N 污染物高累积区（单位：mg/m²）

4.1.5 城市地表降雨径流过程氮磷特征及源解析

根据 4.1.4 节研究结果，不同土地利用类型下地表污染物累积量存在空间异质性，那么降雨产生的径流水体中污染物浓度也同样存在空间异质性。

1. 研究点位概况

为得到不同土地利用方式下氮磷径流过程，分别于 2019 年 4 月 9 日（190409）、2019 年 5 月 26 日（190526）和 2019 年 9 月 1 日（190901）对道路用地（Ro）、商业用地（Ca）、居住用地（Ra）、绿化用地（Gs）、排水口（D1～D3）进行了降雨径流全过程监测（图 4-7）。此外，在 190526 场次降雨过程中，在骂蠡港（MLG）出口处设置监测断面，进行河流样品采集。

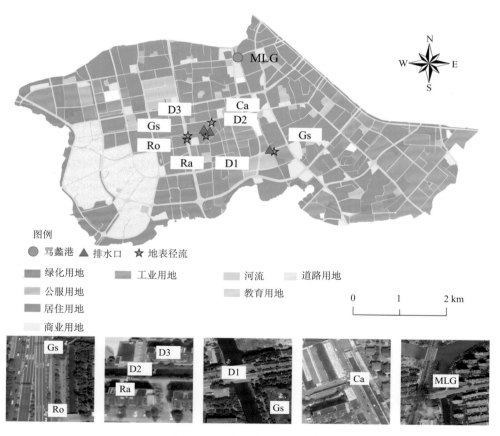

图 4-7 降雨径流原位观测点

根据现场调查与观察，排水口 1（D1，190409）主要为道路雨水汇流排水口，平时无水流，降雨发生后很快在排水口监测到径流产生（<5min）；排水口 2（D2，190526）位于居住小区内，根据现场排水口信息牌显示，该排水口为小区雨水排水口，平时干旱期无水流，降雨产生径流约 1h 后有雨水排出。排水口 3（D3）位于排水口 2 对面，同为居住小区雨水排水口。

2. 样品采集与分析

对选定的用地类型进行全过程地表径流样品采集与分析。在进行降雨径流样品采集时，保证用地类型径流同时进行，并且尽可能保持相同的采样时间间隔。不同土地利用类型的产流时间存在差异，研究以采集到的第一个径流水样为 0 时刻，然后分别在第 5、10、15、25、40、70、100、130、190、250 分钟进行样品采集。把洗净并用径流水润洗过的塑料袋置于地表，待径流水体进入袋中后转移至样品瓶中。采集完成后，置于保温箱中并尽快送到分析单位进行分析。由于下垫面性质的不同，径流产生时间存在差异，所以每个监测点样品数和时间间隔可能略有差异。样品分析方法参考 4.1.1 节。

3. 不同土地利用类型径流水体中氮磷浓度特征

研究采集了 190409、190526 和 190901 场次降雨下的径流水样。其中，190409 场次的降水量为 15.5mm，雨水中 TN、TP、NH_4^+-N 和 NO_3^--N 浓度分别为 3.2mg/L、0.05mg/L、0.73mg/L 和 2.1mg/L；190526 场次的降水量为 29.2mm，雨水中 TN、TP、NH_4^+-N 和 NO_3^--N 浓度分别为 1.9mg/L、0.01mg/L、0.46mg/L 和 1.3mg/L；190901 场次的降水量为 14.8mm，雨水中 TN、TP、NH_4^+-N 和 NO_3^--N 浓度分别为 1.6mg/L、0.054mg/L、0.21mg/L 和 0.45mg/L。接下来将分别分析三场次降雨下的氮磷浓度特征。

1）190409 降雨场次

从图 4-8 可以看出，在径流产生初期，商业用地 TN 和 TP 浓度远远高于其他用地类型，分别为 30.1mg/L 和 3.5mg/L，其次为居住用地和道路用地，绿化用地最小。径流产生初期及之后径流过程中居住用地、道路用地、商业用地 NO_3^--N 浓度及变化趋势较为一致，结合 4.1.3 节的内容，径流水体中硝酸盐主要来自降雨。降雨初期商业用地 NH_4^+-N 浓度远高于其他用地，其次是道路用地，绿化用地最小。

从径流水体中氮磷浓度变化过程来看，居住用地、商业用地和道路用地径流水体氮磷峰值浓度出现在径流产生后的 10min 和 15min。氮磷浓度保持较为平缓的时间点为距径流产生后的：居住用地为 60min（占总径流时间的 33%）、道路用地为 50min（占总径流时间的 28%）、商业用地为 100min（占总径流时间的 56%）、绿化用地为 70min（占总径流时间的 70%）。氮磷浓度相对平稳阶段值为居住用地 TN：1.7mg/L，TP：0.15mg/L，NH_4^+-N：0.30mg/L，NO_3^--N：0.61mg/L；商业用地 TN：1.7mg/L，TP：0.36mg/L，NH_4^+-N：0.025mg/L，NO_3^--N：0.13mg/L；道路用地 TN：1.1mg/L，TP：0.15mg/L，NH_4^+-N：0.24mg/L，NO_3^--N：0.60mg/L。可以看出，道路用地和居住用地初期冲刷效应显著。

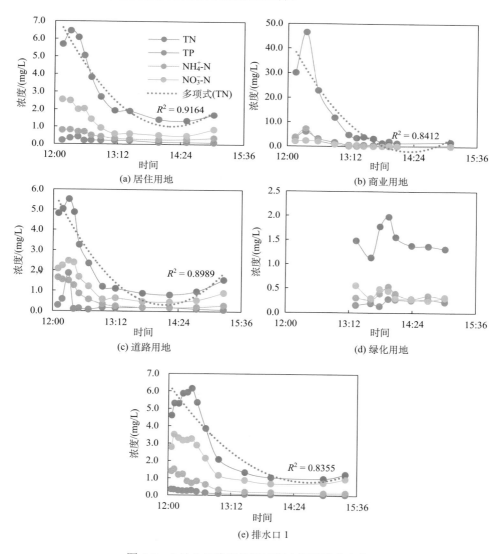

图 4-8　4 月 9 日降雨径流过程中氮磷浓度变化

通过拟合居住用地、道路用地和商业用地的氮磷浓度过程发现，TN 浓度变化均符合二次多项式变化趋势，R^2 均超过 0.8。通过分析发现，其他形态的氮磷浓度随时间变化同样符合二次多项式变化趋势。

雨水排水口处氮磷浓度变化趋势与地表径流过程类似，同样符合二次多项式变化趋势，但是峰值浓度出现在径流开始后的第 23 分钟，氮磷浓度趋于相对平稳的时间为径流开始后的第 90 分钟，相对平稳阶段各指标浓度为 TN：1.2mg/L，TP：0.039mg/L，NH_4^+-N：0.17mg/L，NO_3^--N：0.81mg/L。

2）190526 降雨场次

与 4 月 9 日降雨过程不同，该降雨过程存在两个强降雨时期，表现为污染物浓度变化过程中出现两个峰值浓度（图 4-9）。从径流初期氮磷浓度来看，商业用地 TN 和 TP 浓度最高，分别为 18.5mg/L 和 3.1mg/L，其次为道路用地和居住用地。

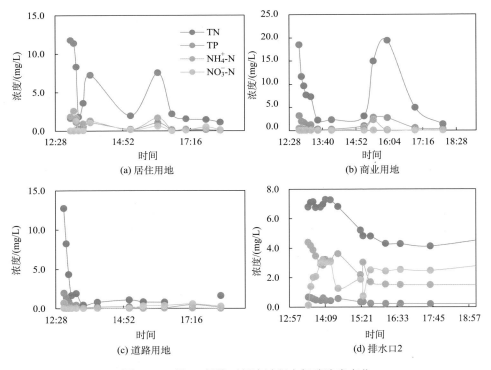

图 4-9　5 月 26 日降雨径流过程中氮磷浓度变化

从径流过程上来看，居住用地、商业用地和道路用地氮磷浓度变化过程都不相同。居住用地的径流过程中有两个浓度峰值，分别出现在径流开始后的第 43

分钟和第 186 分钟，商业用地峰值浓度出现在径流开始后的第 190 分钟，而道路用地则没有出现峰值，且浓度趋于相对稳定阶段发生在径流开始后的第 16 分钟，占总径流时间的 7.5%。这一现象表明，道路累积的氮磷更易被冲刷，且初期冲刷效应显著，应加强对道路用地初期降雨的控制。

该降雨过程中存在两个强降雨时期，导致氮磷地表径流浓度变化过程无明显变化趋势。但是对排水口 2 径流过程中 TN 浓度变化的分析发现，其符合二次变化趋势。分析排水口出水浓度过程发现，排水口 2 径流开始时间较地表晚约 50min，浓度趋于相对平稳期发生在径流产生后的第 155 分钟。因此推断，该排水口内可能存在溢流堰。此外，NH_4^+-N 和 NO_3^--N 浓度变化趋势相反，初期 NH_4^+-N 浓度较高，待浓度平缓后 NO_3^--N 较高。根据其他地表径流水体 NO_3^--N 浓度变化趋势，排水口 2 较高的 NO_3^--N 主要来自管道内上次截留水体或直接汇入管道内的其他污水。

3）190901 场次

不同用地类型地表径流中氮磷浓度存在显著差异性。与前两次降雨事件类似，该降雨过程商业用地地表径流具有最高的氮磷浓度，其中 TN：0.71～12.7mg/L，TP：0.09～2.4mg/L，NH_4^+-N：0.06～2.7mg/L，NO_3^--N：0.02～0.9mg/L（图 4-10）。

从径流过程上来看，居住用地、商业用地和道路用地氮磷浓度变化过程都基本一致，整体呈现：降雨初期径流中氮磷浓度骤降；然后由于雨强增加，地表发生二次冲刷，导致出现第二个浓度峰值，但其值小于初期冲刷浓度；最后地表径流中氮磷浓度趋于稳定。这一现象与 190409 场次径流特征截然不同，说明当初期降雨强度较弱时地表累积的氮磷冲刷效率较低，随着降雨的进行会发生二次冲刷（图 4-10）。

排水口径流特征同样存在显著差异（图 4-10）。排水口 2 和排水口 3 径流中氮磷平均浓度分别为 TN：3.7mg/L、TP：0.26mg/L、NH_4^+-N：0.90mg/L、NO_3^--N：2.1mg/L 和 TN：13.0mg/L、TP：0.82mg/L、NH_4^+-N：9.1mg/L、NO_3^--N：2.0mg/L。排水口 3 较高的氮磷浓度表明，管道内可能存在污水溢流堰或前期积累了大量氮磷污染物，该部分污染物在降雨后随径流排出。而排水口 2 在降雨前已经有径流产生，可能导致先前污水和累积氮磷污染物已经排出。

4. 不同土地利用类型径流水体中氮磷组成特征

不同径流阶段及土地利用类型径流水体中氮磷浓度及悬浮物的显著差异在一定程度上反映了径流过程中氮磷组分发生了变化。虽然在地表径流水体中悬浮

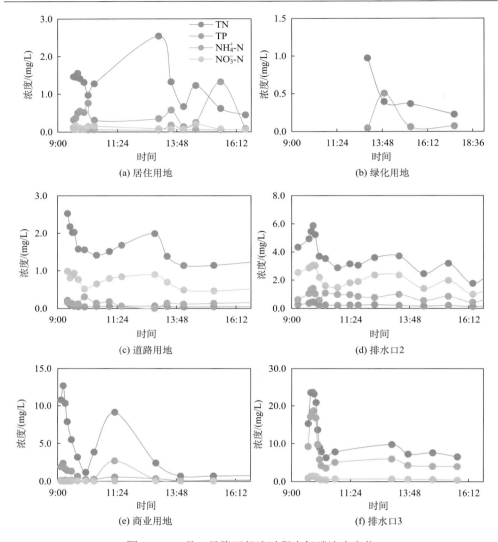

图 4-10　9 月 1 日降雨径流过程中氮磷浓度变化

物含量显著高于管网和河道径流水体，但地表径流中溶解性总氮（DTN）占 TN 的平均比例为 70%，仍为氮的主要形态；溶解性总磷（DTP）占 TP 的平均比例为 48%，也是磷的重要组成部分（图 4-11）。本书结果与其城市地表径流中氮磷组成一致（Taylor et al., 2005），如张香丽等（2018）研究发现，常州市地表径流中 DTN/TN 和 DTP/TP 分别为 63% 和 40%。在地表不同用地类型径流中 NH_4^+-N/TN 和 NO_3^--N/TN 的值均小于 50%，且 DIN/TN 平均值为 35%，因此研究区地表径流中的氮主要为有机氮。先前对成都城区及合肥城市地表累积的氮磷污染物的研究发现，地表累积氮中有机氮含量很高（李如忠等, 2012; 施为光, 1991），而累积的磷污染物主要以颗粒态形式存在（任玉芬等, 2013a; 张香丽等, 2018）。在管网径流中 DTN/TN 和 DTP/TP 的平均值分别为93%和82%，且 NH_4^+-N/TN 和 NO_3^--N/TN 均高于地表径流水体。此外，DIN/DTN 平均值为93%，DIN/TN 平均值为87%，因此在管网径流中氮主要为溶解性无机氮。当径流水体汇入河流后，水体中 DIN/TN 平均值为83%，其中 NH_4^+-N/TN 和 NO_3^--N/TN 分别为80%和2%，因此河流中氮主要为溶解性无机氮。

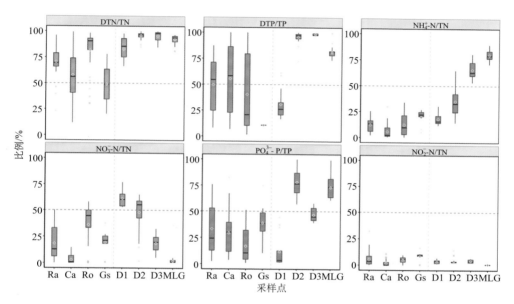

图 4-11　地表、排水口及河流径流中不同形态氮磷组成对比

5. 事件平均浓度

EMC 是降雨径流水质研究中一个常用的统计参数，主要用于评价降雨径流对受纳水体的影响。与径流过程中浓度变化速率相比，受纳水体中的污染物浓度变化相对较慢。因此，EMC 是一个重要的用以反映浓度瞬时变化特征的降雨径流事件参数。本书计算了不同用地类型地表及排水口径流中氮磷污染物的 EMC 浓度。总体来看，地表径流中各氮磷指标 EMC 值为 TN：（3.4±3.1）mg/L、TP：（0.5±0.4）mg/L、NH_4^+-N：（0.4±0.3）mg/L、NO_3^--N：（0.4±0.3）mg/L。根据《地表水环境质量标准》（GB 3838—2002）规定的河流 V 类水质标准中 TN（2.0mg/L）和 TP（0.4mg/L）浓度，三场降雨事件下研究区地表径流中 TN 和 TP 的平均 EMC 浓度超 V 类水质标准，而 NH_4^+-N 的 EMC 浓度则低于 III 类水质标准（1.0mg/L）（表 4-2）。

本书汇总了国内外不同用地类型地表径流污染物研究结果发现，TN、TP、NH_4^+-N 和 SS 的 EMC 值范围为 0.1~50.7mg/L、0.09~10.8mg/L、0.1~4.9mg/L 和 2.0~1413.2mg/L，呈现出巨大的浓度区间。尽管如此，本书区域地表径流中 TN、TP 和 NH_4^+-N 的 EMC 值范围仍然在此区间内。先前研究表明，降雨强度、径流深、前期干旱天数对降雨径流中污染物 EMC 值具有显著影响，上述因素在不同降雨场次间的差异性可能造成了不同研究中氮磷污染物高的 EMC 范围。

表 4-2　不同用地类型地表及排水口径流中氮磷指标 EMC 值

降雨事件	采样点	EMC 值/（mg/L）			
		TN	TP	NH_4^+-N	NO_3^--N
190409	Ra	2.6	0.2	0.3	0.8
	Ca	9.3	1.2	0.9	0.6
	Ro	1.7	0.2	0.5	0.9
190526	Ra	3.8	0.5	0.7	0.3
	Ca	7.8	1.2	0.4	0.01
	Ro	1.0	0.2	0.04	0.3
190901	Ra	1.1	0.5	0.1	0.1
	Ca	1.8	0.3	0.3	0.1
	Ro	1.4	0.05	0.1	0.6
平均值	Ra	2.5	0.4	0.4	0.4
	Ca	6.3	0.9	0.5	0.2
	Ro	1.4	0.2	0.2	0.6

研究通过分析不同用地类型地表径流中氮磷污染物 EMC 值发现，除 NO_3^--N 商业用地地表径流中具有高的氮磷 EMC 值外，TN、TP 和 NH_4^+-N 的平均 EMC 值为（6.3±4.0）mg/L、（0.9±0.5）mg/L 和（0.5±0.4）mg/L。其他研究中位于菜市场附近的地表径流中 EMC 值高于其他用地类型，这与本书结果类似。本书中商业用地采样点旁有菜市场和一些餐饮店，并存在污水泼洒及厨余垃圾堆放现象，这导致了降雨期径流中高的 EMC 值。三场降雨事件中，道路用地 NO_3^--N 的 EMC 值高于其他用地类型，平均值为（0.6±0.3）mg/L，与其他研究的结果类似。汽车行驶过程中磨损路面及尾气排放可能导致地表累积较多的悬浮物和 NO_x 污染物并在降雨期进入径流中，导致径流中较高的 NO_3^--N 浓度。

6. 初期冲刷效应分析

从图 4-12 中的不同用地类型地表累积径流比与累积负荷比曲线可以发现，降雨过程中污染物的输出量并不完全与径流体积成比例，且不同的污染物在同一场降雨或同一种污染物在不同场次降雨之间的冲刷过程存在一定差别，但绝大多数情况下，初期降雨径流能够输出较多的污染物，形成初期冲刷效应。如果污染物的冲刷量与径流量成比例，则径流-负荷曲线将与等分线重合；如果污染输出负荷比率高于暴雨径流比率，则曲线将高于等分线。因此，常将径流-负荷曲线与等分线的偏离程度作为判断初期冲刷现象的标准。这种偏离程度可以用曲线起始端与横轴的夹角判断。当夹角大于 45°时，就可以认为发生了初期冲刷效应。研究分别讨论不同用地类型及降雨场次下的降雨初期冲刷效应。

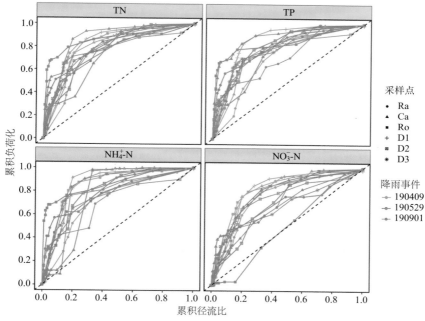

图 4-12　不同用地类型地表累积径流比与累积负荷比曲线图

在降雨 190409 场次中 20%～30%的径流量冲刷的地表污染物比例为居住用地中 TN：64%、TP：51%、NH_4^+-N：59%和 NO_3^--N：67%；商业用地中 TN：74%、TP：69%、NH_4^+-N：91%和 NO_3^--N：69%；道路用地中 TN：83%、TP：70%、NH_4^+-N：87%和 NO_3^--N：80%。在降雨 190526 场次中 20%～30%的径流量冲刷的地表污染物比例为居住用地中 TN：71%、TP：77%、NH_4^+-N：75%和 NO_3^--N：63%；商业用地中 TN：51%、TP：56%、NH_4^+-N：63%和 NO_3^--N：75%；道路用地中 TN：82%、TP：79%、NH_4^+-N：78%和 NO_3^--N：18%。在降雨 190901 场次中 20%～30%的径流量冲刷的地表污染物比例为居住用地中 TN：58%、TP：50%、NH_4^+-N：45%

和 NO_3^--N：50%；商业用地中 TN：93%、TP：90%、NH_4^+-N：90%和 NO_3^--N：54%；道路用地中 TN：73%、TP：72%、NH_4^+-N：67%和 NO_3^--N：74%。可以看出，三场降雨事件均发生了显著的初期冲刷效应。不同用地类型地表初期冲刷效应存在差异，整体效应强弱排序为居住用地<商业用地<道路用地。

研究分析了不同用地类型下的排水口累积径流比与累积负荷比曲线，用以阐明汇水区尺度初期冲刷效应。从图 4-12 可以看出，D1 排水口 20%~30%的径流量冲刷的地表污染物比例为 TN：80%、TP：86%、NH_4^+-N：86%和 NO_3^--N：80%；D2 排水口 20%~30%的径流量冲刷的地表污染物比例为 TN：67%、TP：73%、NH_4^+-N：72%和 NO_3^--N：58%；D3 排水口 20%~30%的径流量冲刷的地表污染物比例为 TN：74%、TP：73%、NH_4^+-N：78%和 NO_3^--N：56%。以交通用地为主要汇水区的排水口（D1）初期冲刷效应高于以居住用地为主要汇水区的排水口（D2 和 D3）。主要是因为，交通用地地表主要以沥青材质为主，其径流系数高于居住用地（地表材质为混凝土）。此外，有研究表明，与混凝土路面相比，沥青路面累积的污染物更容易被降雨冲刷。

7. 骂蠡港出口氮磷浓度过程

骂蠡港出口氮磷浓度过程在一定程度上反映了河流水质对降雨径流污染的响应过程。研究分别分析了 190526 场次降雨事件（图 4-13）和 190901 场次降雨事件（图 4-14）下，骂蠡港出口处水体中氮磷浓度的变化过程。从图 4-13 可以看出，TN 浓度响应过程较为复杂，在地表径流产生后的 3h 和 7h 出现了两个谷底值，可能是由于径流峰值的稀释作用。与初始浓度相比，地表径流产生后约 20h，TN 浓度升到 5.651mg/L（初始为 5.524mg/L），从趋势上看浓度还会持续增加。骂蠡港出口处 TP 浓度呈波动上升趋势，整体呈增加趋势（R^2=0.6337），NH_4^+-N 浓度呈二次多项式趋势增加（R^2=0.9214），而骂蠡港出口处 NO_3^--N 浓度呈二次多项式趋势降低趋势（R^2=0.6883）。从图 4-14 可以看出，190901 场次降雨事件下，骂蠡港出口处水体中 TN、TP 和 NH_4^+-N 浓度均呈显著增加趋势，R^2 分别为 0.8136、0.8179 和 0.6949。TN、TP 和 NH_4^+-N 浓度分别从降雨前的 6.4mg/L、0.5mg/L 和 4.8mg/L 逐渐增加至 7.1mg/L、0.6mg/L 和 6.3mg/L，表明城市径流携带污染物进入河流，导致水体中 TN、TP 和 NH_4^+-N 浓度上升。然而，骂蠡港出口处水体中 NO_3^--N 浓度呈显著线性降低趋势（R^2=0.7411），浓度从降雨前的 0.09mg/L 逐渐降低至 0.03mg/L。两次降雨地表径流中 NH_4^+-N 浓度显著小于骂蠡港出口处水体，所以除了地表径流携带的 NH_4^+-N 外，还有其他外源污染导致城市河流水体 NH_4^+-N 增加。河流水体中 NO_3^--N 浓度高于商业用地和道路用地径流水体，低于居住用地径流水体，说明河流水体 NO_3^--N 来自商业区和道路用地地表径流较少，主要来自居住用地地表径流。与排水口 2 一样，NH_4^+-N 和 NO_3^--N 浓度变化趋势相反，而地表径流水体中二者变化趋势一致，说明了二者来源并非面源污染冲刷携带，可能来源于非降雨时期管网中的累积。

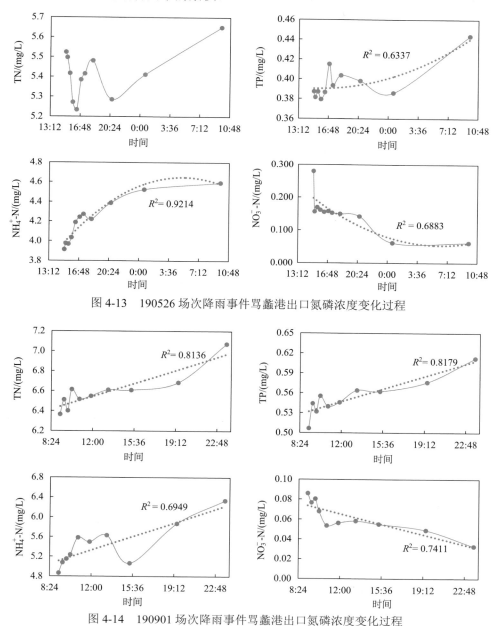

图 4-13　190526 场次降雨事件骂蠡港出口氮磷浓度变化过程

图 4-14　190901 场次降雨事件骂蠡港出口氮磷浓度变化过程

4.2　无锡滨湖示范区雨洪模型构建

4.2.1　数据来源与处理

建模前需收集和整理的资料主要分为地图类的空间资料和降雨径流过程的时间资料。地图类的空间资料用于模型构建的范围绘制、下垫面概化、子汇水区划分、排水系统构建和地物之间拓扑关系的建立等;降雨径流过程的时间资料用于模型运行的雨量、水质输入和模型参数识别、率定和检验,这部分资料主要通过采样点的布设和降雨径流产生时的样品采集分析获得。

根据模型构建的需要,搜集到的地图类资料有:2018 年示范研究区的 Google Map 遥感影像图(分辨率为 0.25m)、2018 年 Google Map 的研究区 DEM 高程数据(分辨率为 32.6m)、研究区排水管网的拓扑结构图。在搜集到的 2018 年研究区 Google Map 遥感影像图(分辨率为 0.25m)的基础上,对研究区进行目视解译,从而获得研究区的土地利用类型图。

不同的土地利用方式具有不同的下垫面特征,会影响地表产汇流过程;同时,也具有不同的污染物积累量,从而影响径流中污染物携带量。考虑到土地利用方式的确定是构建雨洪模型的重要基础,在参考 2018 年和 2019 年分辨率为 0.25m 的 Google Map 影像的基础上,运用 ArcGIS 对示范区进行土地利用分类的目视解译,将研究区划分成 11 类土地利用类型(图 4-15),分别为住宅用地、工业用地、

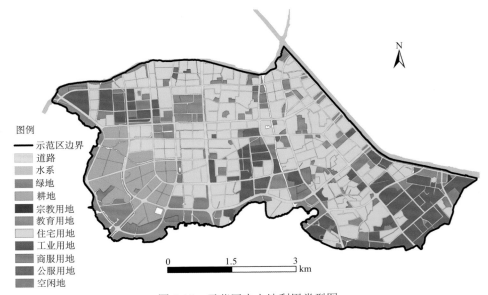

图 4-15　示范区内土地利用类型图

商服用地、耕地、宗教用地、绿地、教育用地、公服用地（主要为医疗卫生用地、机关团体用地、社会福利用地、公园与绿地和文化设施用地）、空闲地、道路、水系。

示范区属于高度城市化地区，其用地类型主要为住宅用地，占比达到 41.2%，其次是耕地、工业用地和绿地，各个土地利用类型的面积和占比见表 4-3。从遥感影像判读结果来看，研究区内实际不透水面积比例达 58.8%。

表 4-3　示范区土地利用类型面积及占比表

土地利用类型	总面积/km²	面积占比/%
住宅用地	14.83	41.2
工业用地	4.57	12.7
商服用地	1.27	3.5
耕地	5.88	16.3
宗教用地	0.02	0.1
绿地	3.65	10.1
教育用地	0.96	2.7
公服用地	0.48	1.3
空闲地	0.31	0.9
道路	3.40	9.5
水系	0.63	1.7

为了获取模型中需要输入的降雨数据，即研究区内的降雨量过程数据和雨水水质数据，进行实地雨水的采集，而后通过实验室分析方法进行雨水的处理分析，获得雨水中总氮（TN）和总磷（TP）两个污染物的浓度指标。雨水样品采集好后，用马克笔在瓶上记录编号，并且记录采样的日期、地点、采样起止时间等，便于后续实验室的分析工作。同时，搜集到无锡南门（$31°33'5.4828''N$，$120°19'12.2232''E$）水文站测量的 2018 年逐小时降雨量数据，用于模型中的降雨量过程数据的输入。实地的雨水采集位置及无锡南门水文站的位置见图 4-16。

将采集好的雨水样品拿回实验室进行处理，分析总氮（TN）和总磷（TP）两个污染物的浓度指标。方法为将用滤膜过滤后的样品用聚乙烯瓶子装好，然后放入冰箱冷藏，样品的处理分析均采用国家环境监测的标准方法：TN 浓度的分析用过硫酸钾氧化-紫外分光光度法，TP 浓度的分析用过硫酸钾消解-钼锑抗分光光度法。

图 4-16　实地采样点的位置图

4.2.2　模型框架的建立与参数设置

　　雨洪模型是以 Storm Water Management Model 5.1（SWMM）为基础而建立的城市降雨径流模型，参数的准确设置是模型精准模拟的基础。依据 SWMM 的结构原理，模型需要输入水文过程模拟、水力过程模拟及水质模拟三个部分中相应的参数。

　　在对示范区进行土地利用类型划分的基础上，进行子汇水区的划分，从而确立了示范区水文过程模拟的汇水区块［图 4-17（a）］。以 ArcGIS 为工具，计算了各个子汇水区的面积和漫流宽度；根据 2018 年和 2019 年 Google Map 的 DEM 高程数据［图 4-17（b）］和遥感影像图及土地利用图，通过子汇水区内各土地利用的面积加权得到平均坡度；同时，通过 ENVI 的非监督分类方法获得示范区内各个子汇水区的不透水率。水力过程模拟部分则是将管网数据［图 4-17（c）］导入SWMM，获得包括管道、检查井和出水口的位置和参数信息，参考示范区的地形图、土地利用类型图、《城市排水工程规划规范》（GB 50318—2017）、《室外排水设计规范》（GB 50014—2006，2016 年版）、卫星遥感影像等资料，概化排水管网的检查井和管道，特别是管道变向节点的设置，主要按照道路走向排布，根据就近排放的原则及子汇水区的数量和位置，增加或是删减节点的数量和位置。水质模拟部分的参数则通过导入雨水污染物浓度和子汇水区内土地利用的分布比例与参数信息而获得。

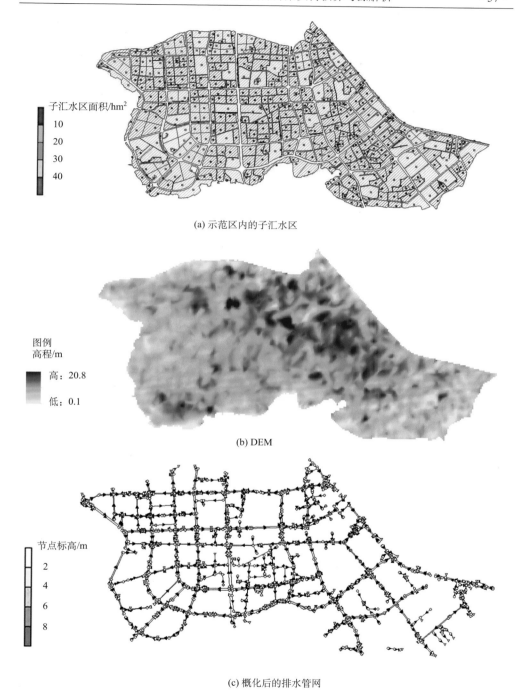

(a) 示范区内的子汇水区

(b) DEM

(c) 概化后的排水管网

图 4-17　模型的静态变量和框架

依据前人研究结果和 SWMM 软件的用户手册和使用手册，模型水文、水力及水质参数的取值范围见表 4-4 和表 4-5。根据调研，研究区具有完善的雨污分离系统，模型中涉及的管网及污染物入河量计算均基于雨水排水管网。

表 4-4 SWMM 的水文水力参数取值范围

参数名称		单位	取值范围
水文参数	不透水区曼宁系数	s/m$^{1/3}$	0.011~0.024
	透水区曼宁系数	s/m$^{1/3}$	0.03~0.24
	不透水区注蓄量	mm	1.27~2.54
	透水区注蓄量	mm	2.54~5.08
水文参数	无注蓄不透水面积率	%	5~30
	初始下渗率	mm/h	0.3~9.9
	最大入渗率	mm/h	25.4~91.44
	入渗衰减系数	h^{-1}	2~6
	排干时间	d^{-1}	2~14
水力参数	管道曼宁系数	s/m$^{1/3}$	0.013~0.014

表 4-5 SWMM 的水质参数取值范围

参数名称		单位	取值范围	
			TN	TP
绿地	最大累积量	kg/hm^2	7.5~10	0.6~1.8
	半饱和常数	d	4~10	8~10
	冲刷系数	mm^{-1}	0.002~0.005	0.001~0.004
	冲刷指数	—	1.1~1.4	1.2~1.3
	街道清扫去除率	%	0~50	0~50
路面	最大累积量	kg/hm^2	3.8~6	0.2~0.6
	半饱和常数	d	4~11	10~11
	冲刷系数	mm^{-1}	0.004~0.009	0.001~0.008
	冲刷指数	—	1.1~1.8	1.25~1.9
	街道清扫去除率	%	50~75	50~75
屋面	最大累积量	kg/hm^2	2.2~4	0.2~0.6
	半饱和常数	d	4~10	8~10
	冲刷系数	mm^{-1}	0.004~0.007	0.001~0.006
	冲刷指数	—	1.3~1.9	1.25~1.9
	街道清扫去除率	%	0~50	0~50

4.2.3　雨洪模型的建立和验证

将 4.2.2 节收集获得的属性数据导入 SWMM 中，并设置相应的参数，可获得示范区降雨径流模型。由于子汇水区是依据功能区进行划分的，所以得到了不同土地利用类型的雨洪模型。最终将示范区划分成 515 个子汇水区，概化了 1282 个检查井、1312 条主干管道和 117 个出水口，设置了 14 个水文水力参数、15 个水质参数，从而构建了基于 SWMM 的示范区降雨径流面源污染动态模型（图 4-18）。

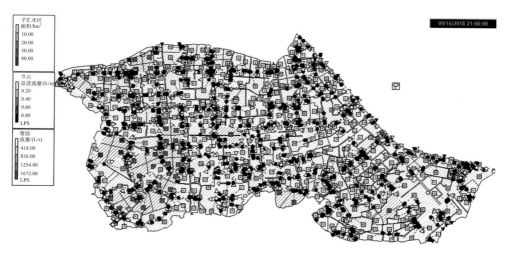

图 4-18　SWMM 构建的城市降雨径流面源污染动态模型

在建立的模型框架基础上，对模型参数进行识别、率定和检验，以期能使模拟值和实测采样值尽量吻合，从而提高模型的准确性、可靠性。模型参数取值范围参考的是用户手册建议值，以及运用 SWMM 研究城市面源污染问题，并且研究区位于太湖附近区域的前人研究成果中对于参数的最终取值，其中的研究区主要为宜兴、常州、苏州和太湖上游等地。

模型的校准和验证基于 2018 年 6 月 19 日至 20 日和 2019 年 4 月 9 日的两次暴风雨事件收集的径流样本。2018 年 6 月暴风雨的总降雨量和降雨历时分别为 31.8mm 和 16h。2019 年 4 月的降雨是短期的强降雨事件，在四个小时的时间内累积的降雨量为 16.8mm。在 2018 年 6 月 19 日至 20 日和 2019 年 4 月 9 日之前分别有 5 天和 11 天的晴天天气。2018 年 6 月的降雨事件用于模型校准，而 2019 年 4 月的降雨事件用于模型验证。实地采集了示范区①、②、③、④四个城市地块

（具体位置见图 4-16）的地表径流污染物浓度，图 4-16 中的红线为示范区的边界范围，红色区块为实测的点位区域，其中①为住宅区，②为停车场，③为商服用地，④为绿地。首先根据径流曲线数（CN）方法计算了四个城市地块的径流。根据土壤的水力特性，住宅区、停车场、绿地和商业区的 CN 值分别为 92、98、80 和 95。然后通过将径流量乘以总氮和总磷的浓度（基于收集的径流样品的实验室分析）来计算 TN 和 TP 负荷量。进一步比较了四个子汇水区的 TN 和 TP 负荷与模型的模拟值，以进行模型校准和验证。对于模型校准，同时调整模型中的水文水力参数和水质参数，使得污染物总量的模拟值和实测值的相对偏差达到 30%左右。率定校准后的参数值将进一步用于 2019 年 4 月的降雨事件，以进行模型验证，测试参数在不同风暴事件中的适用性。

从表 4-6 中可以看出，TN 负荷的模拟值与 2018 年 6 月降雨期间对停车场地块进行实测得到的值之间有很好的匹配性，相对偏差为 7%；TP 负荷的模拟值与实测值之间的相对偏差为–11%。居住区 TN 负荷的模拟偏差相对较大，但相对偏差仍未超过 30%。在模型验证期间（即 2019 年 4 月的降雨事件），两个城市地块的 TN 负荷相对偏差在 20%以内。然而，在模型验证过程中，两个城市地块 TP 负荷的模拟相对偏差均为–33%，但仍在合理范围内。TP 负荷的模拟存在相对较大的偏差可能与研究区域内较小的 TP 负荷有关。

表 4-6 模拟结果误差分析

日期	用地类型		TN 污染量/kg	TP 污染量/kg	面积/hm²
2018 年 6 月 19~20 日降雨事件	居住区	实测值	3.133	0.46	11.9
		模拟值	4.078	0.392	
		相对偏差	30%	–15%	
	停车场	实测值	1.568	0.178	4.86
		模拟值	1.676	0.158	
		相对偏差	7%	–11%	
2019 年 4 月 9 日降雨事件	绿地	实测值	0.032	0.0009	3.53
		模拟值	0.038	0.0006	
		相对偏差	20%	–33%	
	商服用地	实测值	0.321	0.02	0.78
		模拟值	0.381	0.01	
		相对偏差	19%	–33%	

根据无锡南门气象站的记录,示范区内 2018 年的降雨量达到 1195mm。通过调整后的模型演算,2018 年全年示范区内子汇水区地表径流量为 2564.87×10⁴m³。根据模型演算的地表径流量,推算出示范区内的径流系数为 0.62,在《城市排水工程规划规范》(GB 50318—2017)中城市建筑密集区的综合径流系数为 0.6~0.7 的范围区间内,说明模型演算较为合理。

同时,模型运行的结果显示,模拟地表径流量的连续性演算误差为 0,流量演算的连续性误差为–0.06%,水质演算的连续性误差为 1.24%,说明模型演算的结果符合降雨径流的质量守恒,该模型可以合理地捕获研究区域内暴雨径流和污染物负荷的关键特征,所选取的参数是合理的。

4.3　面源污染物负荷量核算

课题组运用所构建的模型,演算了 2018 年全年的降雨径流过程及 TN、TP 污染物的产生和入河过程。2018 年全年的总降雨量为 1195mm,平均雨强为 3.3mm/d,最大日雨强为 70.4mm/d(图 4-19)。

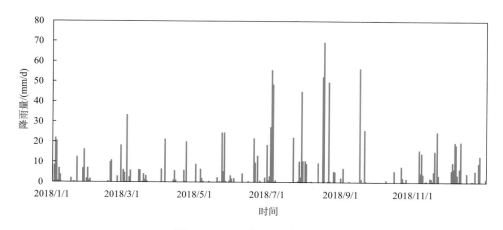

图 4-19　2018 年逐日降雨数据

由模拟结果得出,示范区内总降水量为 4154.9×10⁴m³,产生的地表径流达到 2564.87×10⁴m³。示范区内,由排水口出流的水量为 2456.1×10⁴m³。面源污染负荷的产生量:TN 为 8.08×10⁴kg,TP 为 0.66×10⁴kg;入河总量:TN 为 7.85×10⁴kg,TP 为 0.63×10⁴kg。

4.3.1 不同下垫面污染物冲刷量估算

根据建立的雨洪模型,演算汇总了示范区内 2018 年不同下垫面的径流量、TN 径流冲刷量和 TP 径流冲刷量(表 4-7)。

表 4-7 不同下垫面的径流量、TN 径流冲刷量和 TP 径流冲刷量

下垫面类型	地表径流量/$10^4 m^3$	TN 径流冲刷量/kg	TP 径流冲刷量/kg
绿地	113.92	3910	260
耕地	105.94	3810	250
宗教用地	2.05	60	10
教育用地	88.24	2670	210
住宅用地	1506.03	45870	3870
工业用地	535.38	15790	1360
商服用地	137.26	4090	350
公服用地	54.46	1560	130
空闲地	21.61	630	50

示范区内的 9 种下垫面类型中多为不透水区域,除绿地和耕地中有大面积的透水面,其他下垫面类型大部分是不透水面,不透水的下垫面类型中仅仅存在少量的绿化透水面和铺装的透水路面。9 种下垫面的径流量排序为住宅用地>工业用地>商服用地>绿地>耕地>教育用地>公服用地>空闲地>宗教用地。

示范区内下垫面的面积和不透水率是影响其产流量的主要因素(图 4-20)。各个下垫面的总径流量的高低与下垫面的面积大小密切相关,对于不透水地面来

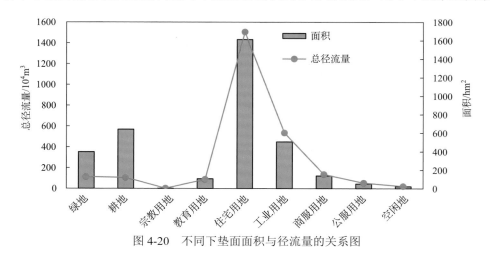

图 4-20 不同下垫面面积与径流量的关系图

说，面积越大，其产流量也越大，同时产流后迅速变为径流向低洼处汇集，但是相对不透水区域来说，图 4-20 中的耕地和绿地面积与径流量的相关性弱，可以看到，虽然耕地面积是绿地面积的 1.6 倍，但是两者的径流量相差无几，由于影响径流量的因素为下垫面特性，两种用地类型的下渗特性稍有差异，所以面源污染负荷还会受到不同下垫面内污染物累积、冲刷和下渗特性的影响。

4.3.2　不同下垫面污染物入河贡献率估算

示范区内 9 种下垫面类型的面源污染对于污染物入河量的占比也不同（图 4-21），利用构建的雨洪模型进行演算，其污染总量占比的排序为住宅用地>工业用地>商服用地>绿地>耕地>教育用地>公服用地>空闲地>宗教用地。住宅用地和工业用地对于城市面源污染的总量贡献都很大，其中住宅用地的污染总量贡献量最大，其 TN 的产生量为 45870kg，TP 的产生量为 3870kg，两者占总量的比例分别为 58.5% 和 59.6%；其次为工业用地的污染总量贡献量，其污染贡献率大大超出了其他下垫面类型，其 TN 产生量为 15790kg，TP 产生量为 1360kg，两者占总量的比例分别为 20.1% 和 21%。绿地和耕地的污染贡献比较大，绿地 TN 的产生量为 3910kg，TP 的产生量为 260kg，两者占总量的比例分别为 5% 和 4%。耕地 TN 的产生量为 3810kg，TP 的产生量为 250kg，两者占总量的比例分别为 4.9% 和 3.9%。宗教用地因其面积相对较小，污染贡献率最小，其 TN 的产生量为 60kg，TP 的产生量为 10kg，两者占总量的比例分别为 0.1% 和 0.2%。

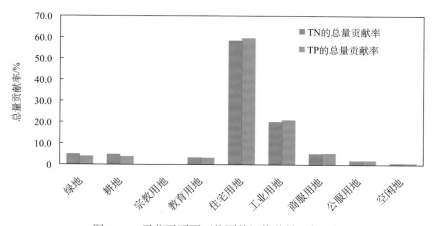

图 4-21　示范区不同下垫面的污染总量贡献比例

由此看出，下垫面的面积对于其污染贡献率的影响极大，因此要分析不同下垫面的面源污染风险需要避免下垫面面积的影响，最终选择不同下垫面的产污强

度（单位为 kg/hm²）指标来表征不同下垫面对污染物的入河贡献率，结果如图 4-22
所示。

从图 4-22 中可以看出，不同下垫面的 TN 和 TP 污染物的入河贡献率高低排
序不太一样，不同下垫面的 TN 污染物入河贡献率的排序为公服用地>空闲地>工
业用地>教育用地=商服用地>住宅用地>宗教用地>绿地>耕地，而不同下垫面的
TP 污染物入河贡献率的排序为工业用地>住宅用地>商服用地>公服用地>宗教用
地=教育用地>空闲地>绿地>耕地。

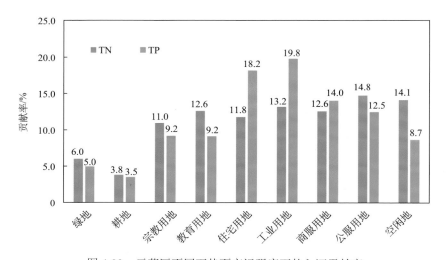

图 4-22　示范区不同下垫面产污强度下的入河贡献率

从示范区不同下垫面的污染物入河贡献率排序可以看出，公服用地（主要为
医疗卫生用地、机关团体用地、社会福利用地、公园与绿地和文化设施用地）需
要关注其 TN 的污染变化状况。示范区内的空闲地均为在建地，建设施工带来的
扬尘和建筑垃圾等污染物在降雨后容易被雨水裹挟，从而产生城市面源污染。工
业用地和住宅用地的 TP 污染不容小觑。

4.3.3　面源污染负荷量核算结果

从图 4-23 可以看出，不同用地类型的污染物 TN 产生量有较大差异，污染产
生量最大的是住宅用地，其次是工业用地，污染产生量分别达到 4.92×10^4 kg 和
1.69×10^4 kg，占比分别为 52.28% 和 19.9%，这与住宅用地和工业用地的面积占比
也强烈相关，住宅用地占示范区总面积的 41.2%，而工业用地的面积占比为 12.7%，
这两大用地类型占据了示范区一半以上的土地面积。同时，污染物产生量与地表

径流量之间具有强烈的相关性，这与城市面源污染的特点有关，即面源污染产生时，雨水冲刷携带大量的地表累积污染物进入城市排水系统，因此污染必然与地表径流相关性大。

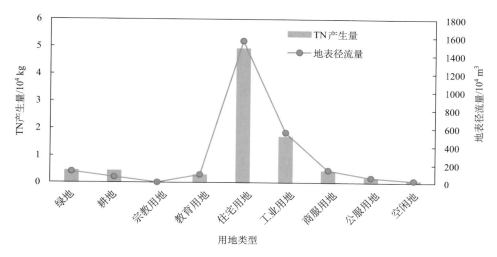

图 4-23　不同用地类型下的地表径流量和 TN 产生量

图 4-24 和图 4-25 分别是通过模型统计出的 TN 和 TP 污染物在不同用地类型区块上的产生量分布情况。从面源污染产生量的空间分布来看，区块内，TN 产

图 4-24　示范区内 TN 的产生量分布图

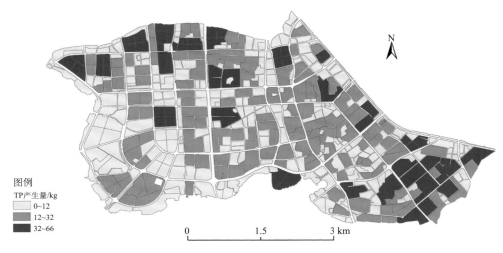

图 4-25　示范区内 TP 的产生量分布图

生量最高达到 731.13kg, TP 产生量最高为 65.98kg, 位于示范区南部的住宅用地。两种污染物产生量较高的区域分布位置类似, 主要位于示范区的西北部和东南部。示范区北部紧邻梁溪河, 用地类型多为住宅用地, 因此示范区西北部产生的城市面源污染造成梁溪河的污染压力较大, 要注重控制该地降雨初期冲刷产生的污染量, 可在河边采取隔离和过滤等削减措施。而示范区的东南部多为工业用地, 面源污染较严重。

与区块内 TP 产生量对比来看, 区块内的 TN 产生量较高的区域要略多于 TP 产生量较高的区域, 其分布在示范区西南部靠近五里湖的一处公园绿地和一小块耕地, 以及南部和东南部的两处工业用地区块, 这主要是因为区块上的建筑物较多, TN 冲刷产生的污染量较绿地和耕地等植被上产生的污染量大。

课题组通过模型模拟, 演算出了 2018 年全年示范区内概化出的 117 个排水口的总出流量及 TN 和 TP 的入河量 (表 4-8), 排水口位置见图 4-26。出流量最大的排水口为 O109, 位于示范区西北部的西新河出水口附近, 是示范区西部水流内循环的连接河流, 年总出流量达到 $123.82 \times 10^4 m^3$, 其次为 O87、O80 和 O73, O87 位于示范区东南部的漫步桥河处, 排水口连接的是附近区域大量的工业用地, 出流量较大; O80 处在示范区东南部的芦村河中部, 是示范区内骂蠡港和芦村河水质更新的节点位置, 连接的是芦村河北部的住宅用地和南部的工业用地; O73 位于骂蠡港中部分支河流的源头处, 连接的是大片的住宅用地。年内共有 11 个排水口的出流量未达 $1 \times 10^4 m^3$, 分别是 O20、O72、O101、O25、O90、O97、O105、O4、O11、O47 和 O13, 其中有部分排水口位于示范区的四周, 排入的河流规模

表4-8　2018年示范区排水口的流量和污染入河量

排水口名称	出流量/(×10⁴m³)	TN/kg	TP/kg	排水口名称	出流量/(×10⁴m³)	TN/kg	TP/kg
O1	15.47	472.9	37.36	O25	0.41	16.39	1.09
O2	17.97	559.55	49.50	O26	12.48	383.88	34.41
O3	2.99	94.16	8.91	O27	50.50	1643.74	127.71
O4	0.13	5.00	0.33	O28	14.69	429.13	34.39
O5	18.27	580.87	42.23	O29	9.86	317.66	26.07
O6	16.72	533.97	44.08	O30	36.31	1187.44	91.99
O7	6.93	237.66	16.46	O31	65.79	1974.42	149.92
O8	13.71	442.71	38.68	O32	49.69	1624.97	133.15
O9	2.15	76.54	4.87	O33	27.19	864.66	68.52
O10	29.76	995.55	77.72	O34	23.54	703.63	56.35
O11	0.09	3.50	0.23	O35	18.01	567.28	46.30
O12	15.78	508.78	38.02	O36	9.01	296.63	21.22
O13	0.02	1.04	0.07	O37	18.04	591.29	41.52
O14	4.81	154.05	12.77	O38	7.91	244.15	20.49
O15	50.86	1535.96	127.86	O39	38.95	1194.61	93.45
O16	11.44	441.53	28.08	O40	5.28	175.83	12.58
O17	5.11	198.50	12.34	O41	5.35	165.18	13.64
O18	12.55	389.40	34.60	O42	25.79	805.65	62.77
O19	19.77	599.07	48.86	O43	3.28	108.61	9.78
O20	0.91	24.06	1.63	O44	61.15	1889.15	156.61
O21	1.15	45.99	3.07	O45	20.33	644.40	58.05
O22	35.39	1112.91	96.81	O46	8.19	251.39	18.00
O23	14.38	437.65	34.27	O47	0.03	1.31	0.09
O24	26.60	868.73	66.99	O48	25.65	812.87	69.13

续表

排水口名称	出流量/(×10⁴m³)	TN/kg	TP/kg	排水口名称	出流量/(×10⁴m³)	TN/kg	TP/kg
O049	15.91	582.96	37.23	O073	74.95	2328.34	203.69
O050	36.48	1223.68	83.78	O074	34.66	1066.37	83.77
O051	11.88	100.40	6.51	O075	2.41	73.01	5.96
O052	51.38	1635.68	141.09	O076	14.90	474.03	36.66
O053	38.37	1087.57	85.12	O077	23.81	737.01	65.27
O054	10.93	338.98	26.05	O078	4.79	151.14	13.78
O055	32.80	1126.13	87.27	O079	35.76	1120.45	96.91
O056	12.11	391.15	28.99	O080	95.17	2914.94	234.74
O057	2.35	88.39	5.62	O081	12.72	373.96	26.66
O058	2.60	96.68	6.01	O082	71.76	2158.60	178.00
O059	3.89	130.61	10.09	O083	10.67	336.68	27.41
O060	3.24	110.27	8.13	O084	11.36	345.82	28.03
O061	9.75	282.11	21.50	O085	23.81	743.59	66.15
O062	20.62	649.26	54.66	O086	22.17	686.18	59.81
O063	18.73	570.70	44.28	O087	119.91	3744.51	327.68
O064	2.05	71.97	5.75	O088	32.86	1033.79	92.74
O065	19.96	551.86	40.00	O089	6.28	200.13	18.70
O066	27.35	827.95	68.53	O090	0.35	12.73	0.89
O067	55.74	1766.16	150.83	O091	2.24	71.91	6.64
O068	50.55	1667.04	137.84	O092	28.99	908.43	77.11
O069	64.45	2003.99	162.47	O093	5.29	169.43	13.41
O070	2.57	87.91	6.32	O094	4.23	145.83	11.30
O071	67.10	2074.95	171.41	O095	23.91	695.96	58.87
O072	0.61	23.64	1.53	O096	2.86	108.59	6.79

续表

排水口名称	出流量/（×10⁴m³）	TN/kg	TP/kg	排水口名称	出流量/（×10⁴m³）	TN/kg	TP/kg
O97	0.27	10.52	0.70	O108	17.73	493.77	35.21
O98	6.51	219.57	15.27	O109	123.82	3818.74	289.33
O99	17.93	646.67	41.95	O110	20.89	566.61	43.24
O100	37.66	1302.22	87.10	O111	3.63	114.57	9.98
O101	0.44	17.55	1.17	O112	34.27	1084.08	90.70
O102	1.94	71.99	4.64	O113	30.85	944.22	75.94
O103	9.80	343.74	22.44	O114	6.96	211.75	18.58
O104	4.76	144.49	11.70	O115	17.27	539.39	41.38
O105	0.23	9.52	0.65	O116	37.35	1180.59	102.37
O106	12.62	400.30	35.25	O117	20.96	714.81	50.39
O107	12.97	380.33	30.17	总计	2506.56	7821.26	6313.13

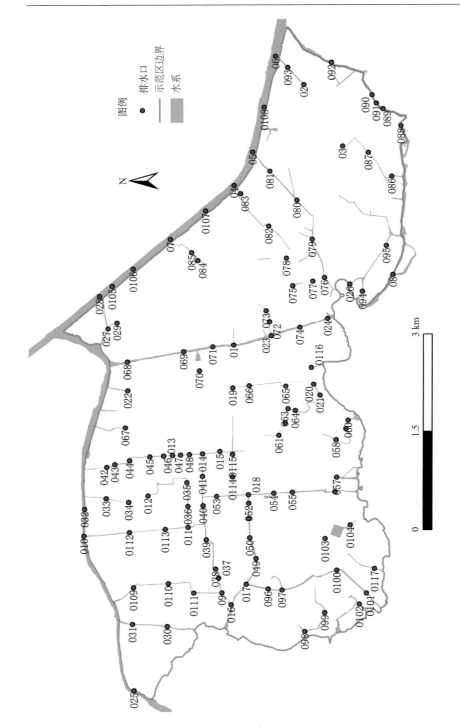

图 4-26　排水口分布图

较小，排水口连接的区域也较少，多为绿化用地或是公园绿地，降雨后产生的径流量较小，区块内的下渗量大，因此排水口处的出流量小。而其他出流量较小的排水口则是因其附近的排水口分布较为密集，所以各个排水口连接的汇水区个数就相应比较少，各排水口的出流量不大。

全年中，TN 污染物入河量比较大的排水口分别是 O109、O87、O80 和 O73，排水口 O109 的年 TN 入河量为 3818.74kg，比 O87 的年 TN 入河量高 74.23kg。而 TP 入河量较大的排水口大小顺序略有不同，分别为 O87、O109、O80 和 O73，O87 排水口的年 TP 入河量为 327.68kg，比 O109 的年 TP 入河量高 38.35kg。可以看到，面源污染物入河量和排水口的总出流量有比较强的相关性，总出流量高的排水口也是污染物入河量大的排水口，即 O109 排水口。其次，排水口 TN 入河量的排序与出流量的排序有很好的相关性，而 TP 入河量与出流量的排序稍有不同，排水口 O87 成为 TP 入河量最大的排水口，而 O109 排在第二位。O87 排水口连接的多是工业用地，工业用地四周有少量的绿化用地，而 TP 入河总量较 TN 入河总量来说，是其 1/8~1/7 左右，TP 入河量的变化敏感性比 TN 要高，所以在入河量大小的排序上有些许的差异。

示范区内共有大小 29 条河流，通过汇总模型计算出排入每条河流的排水口的污染物入河量及每一条河流的污染物流入量，分级方法运用的是 ArcGIS 标准分类方法中的自然间断法（Jenks），结果如图 4-27 和图 4-28 所示。从图 4-27 和图 4-28 中可以看出，无论是对 TN 入河量的分级还是对 TP 入河量的分级，骂蠡港受到的

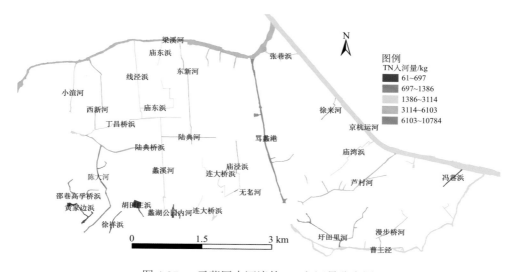

图 4-27　示范区内河流的 TN 入河量分布图

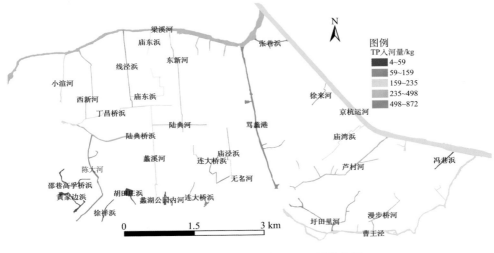

图 4-28　示范区内河流的 TP 入河量分布图

面源污染最严重，其次为陆典桥浜、芦村河、西新河、东新河、梁溪河和漫步桥河，位于示范区东南部的耕地区块的河流受污染程度最轻，均呈现出相对较少的入河污染量。相对于 TP 入河污染分布来说，TN 的入河污染较为严重，从图中可以看出，张巷浜、连大桥浜和线泾浜这三条河流的 TN 入河污染量的量级要比 TP 入河污染量的量级高。

4.4　面源污染物时空分布规律分析及风险区识别

在实地调查无锡滨湖区示范区面源污染情况和室内构建示范区雨洪模型的基础上，通过实地采样检测及构建的模型对示范区内 TN 和 TP 污染物的产生和入河过程进行演算，识别出无锡滨湖区示范区内面源污染风险区，从而分析滨湖城市面源污染物 TN、TP 时空分布规律。

从模型演算出的结果（图 4-29 和图 4-30）可以看出，示范区内污染物 TN 的各月份产生量和入河量的时间变化规律一致，7 月份和 8 月份的污染量较高，10 月份的污染量最低，年内整体呈现先保持不变后陡增再陡减的趋势，污染量的变化时段主要在夏秋季节。

图 4-29 显示出示范区内住宅用地、工业用地的污染产生量较高，而除了绿地和耕地（示范区内面积占比达到 10.1% 和 16.3%）外，商服用地（其面积占比仅3.5%）的污染产生量也较高。

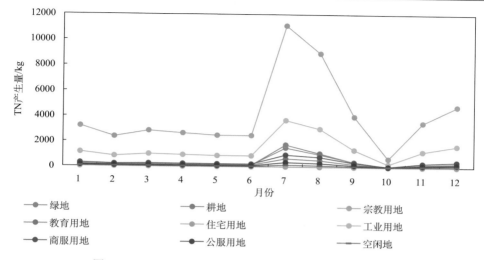

图 4-29　2018 年各月份不同用地类型的 TN 产生量变化图

图 4-30 则显示出示范区内受面源污染较严重的河流分别为骂蠡港>东新河>芦村河>梁溪河>陆典桥浜>西新河，而进入骂蠡港的 TN 污染量最大，并且明显高于其他河流的入河量。

因此，根据城市面源污染中的 TN 和 TP 污染物的时空分布特点，需要重点关注示范区内的工业用地、住宅用地和商服用地，以及骂蠡港这条河流的面源污染情况。

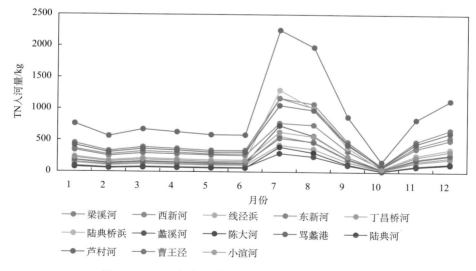

图 4-30　2018 年各月份主要河流的 TN 入河量变化图

4.4.1　TN 和 TP 风险区识别

根据模型演算的 2018 年全年的地表污染物产生量，计算了示范区内不同子汇水区 TN 和 TP 单位面积污染总量，运用 ArcGIS 标准分类方法中的自然间断法（Jenks）进行了分级，TN 分级结果见图 4-31，而后选取污染最为严重的等级尝试进行污染风险区的划分（图 4-32）。

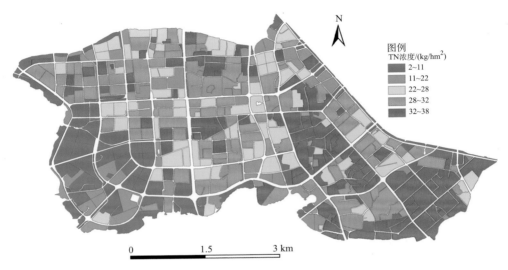

图例
TN浓度/(kg/hm²)
- 2~11
- 11~22
- 22~28
- 28~32
- 32~38

图 4-31　示范区 TN 污染风险分布图

图例
- 可能的污染风险区
- 水系
- 划分的汇水区

图 4-32　示范区地表面源污染风险区分布图

　　TN 污染风险比较高的区域是位于示范区东部的住宅用地及工业用地,还有示范区中心部分零散的商服用地、住宅用地(图 4-31)。TN 高污染风险区的面积较大,污染风险最高的区域集中在由中南路、贡湖大道和金城路包围的住宅用地和示范区东部的工业用地,并且还有部分相对分散的高风险区域分布在示范区的西部,主要是住宅区和商业区,其影响到的区域范围也比较大。所以,除了示范区西南部的绿地和耕地区域的 TN 污染风险较低外,可以说其他区域均存在一定的 TN 污染风险,但是面源污染的高风险区域并不等同于住宅用地,高风险区由住宅用地、工业用地和商服用地等不同的土地利用类型区块共同构成。示范区内住宅用地占到了接近一半的比例,并且住宅区多为商住混合区,区域内的面源污染相对新建成的规划区等用地要高。相对来说,示范区西部住宅用地的污染风险比示范区东部住宅用地的风险要小。因此,重点关注污染风险高的区域,则其他区域的污染风险也会相应降低。

　　图 4-32 即为通过演算识别出的示范区面源污染风险区域,可以看出,面源污染风险区主要位于示范区的东部,用地类型以住宅用地和工业用地为主。示范区内河网密布,风险区紧靠着河流,产生的面源污染均通过管网排入示范区内的河流。需要首先对这些最为可能的面源污染风险区进行控制,才能控制住示范区内产生的大部分面源污染。

　　图 4-33 则是模型演算分析出的示范区内受面源污染的风险河流。在对 2018 年全年的城市面源污染过程进行模型演算的基础上,统计 TN 和 TP 污染物进入河流的面源污染总量,而后运用 ArcGIS 标准分类方法中的自然间断法(Jenks)进行分级,进而提取出示范区内最可能受到面源污染的风险河流。首先是示范区中部南北走向的骂蠡港河最易受到城市面源的污染,其次是示范区西部的西新河、东新河和陆典桥浜,示范区东部的芦村河和漫步桥河,以及示范区北部的梁溪河。

4.4.2　面源污染风险区的时间分布规律分析

1. 地表面源污染风险区的年内污染特征及规律分析

　　分析 2018 年年内示范区地表面源污染的变化过程,将 2018 年划分为枯水期(1~2 月、12 月)、平水期(3~4 月、10~11 月)和丰水期(5~9 月)3 个时期,演算结果见图 4-34、图 4-35 和图 4-36。年内不同时段产生的城市面源污染会有所不同,降雨量、降雨历时、雨强和降雨前期的干旱天数是主要的影响因素,即面源污染产生的客观条件和晴天天气状况下的污染累积时长大小。

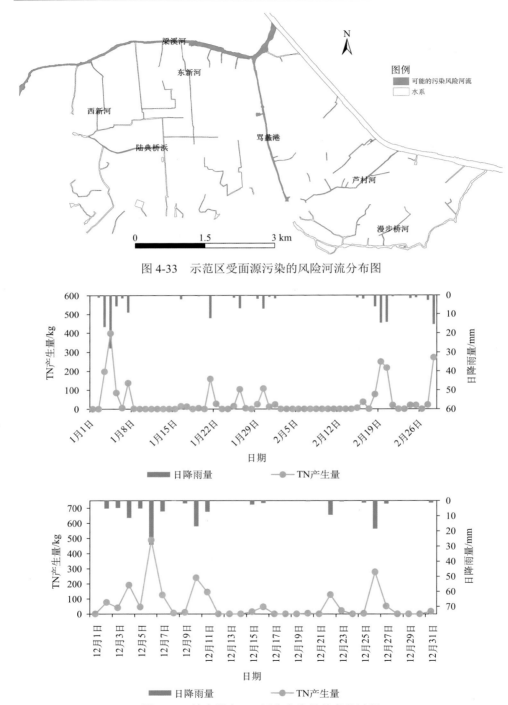

图 4-33　示范区受面源污染的风险河流分布图

图 4-34　枯水期内 TN 污染产生量的变化过程

在枯水期，降雨量的大小决定了地表面源污染风险区的污染产生量大小，而前期干旱天数也影响着污染负荷的变化。枯水期内前期干旱天数对面源污染负荷的影响尤为明显，比如 2 月 19 日前后产生的污染负荷过程（图 4-34）。2 月 19 日当天污染负荷产生量达到时段内最大，TN 产生量为 249.62kg，而该时段内发生的降雨事件时间为 2 月 15 日～2 月 16 日，雨量仅为 3mm，与该次降雨情形相似的降雨时段为 12 月 15 日～12 月 16 日，该场次雨量也仅为 4.2mm，但其时段内产生最大的 TN 日污染负荷为 47kg，为 2 月 19 日产生的污染负荷的 1/5，所以 2 月 19 日产生的污染负荷与 2 月 15 日前 14.3 天的晴天天气有关，当前期干旱天数较长时，同样的街道清扫状况下，城市地表可以供降雨径流冲刷的污染物就会比较多。

平水期内降雨总量比枯水期内的降雨量少，但降雨场次较多。降雨量和降雨强度是影响平水期内地表面源污染风险区污染的主要因素，而前期污染物的晴天累积效应虽然存在，但并不占主导地位（图 4-35）。如 4 月 2 日和 4 月 5 日至 6

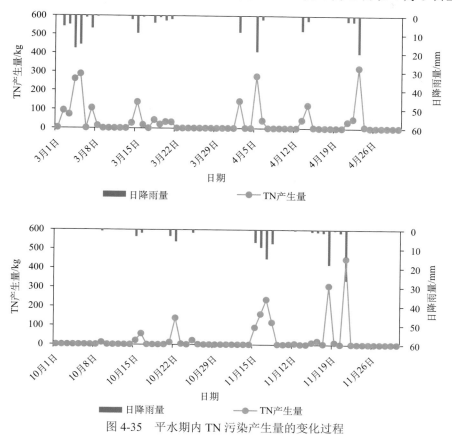

图 4-35　平水期内 TN 污染产生量的变化过程

日分别发生了 8.8mm 和 21.2mm 的降雨事件，而 4 月 2 日前期的晴天天数达到了 11.9 天，因此 4 月 2 日和 4 月 5 日分别产生了 142kg 和 276kg 的 TN 污染量，可以发现污染量有陡增陡降的趋势。而 10 月 9 日前虽然干旱天气达到了 17.6 天，但当天的降雨量仅为 0.8mm，因此未产生很大的面源污染。3 月 1 日~3 月 8 日的多场降雨事件，时段内污染产生量与降雨量有较强的线性相关性，R^2 值达到 0.98。

在丰水期时段，降雨特征（即降雨强度、降雨历时和雨量等）变成了影响地表面源污染风险区污染的主导因素，而降雨前期干旱时长对污染产生量的影响程度大大降低（图 4-36）。丰水期内，在雨量较大的中雨或是大雨情形下，TP 污染量的变化幅度比 TN 要大，但在暴雨条件下，TP 的变化幅度就不如 TN 的变化幅度大（图 4-37）。

2. 不同雨强下的风险河流污染特征

不同降雨强度条件下，城市排水口处的水量、水质变化过程均有差异，对受面源污染的风险河流会产生不同影响。选取 2018 年 12 月 25 日~12 月 27 日的中雨事件、2018 年 11 月 20 日~11 月 21 日的大雨事件及 2018 年 8 月 16 日~8 月 17 日暴雨-大暴雨的降雨事件进行风险河流面源污染过程的演算分析。

在中雨和大雨的降雨场次下，7 条风险河流的污染入河量大小排序为骂蠡港>东新河>芦村河>梁溪河>西新河>漫步桥河>陆典桥浜，而在暴雨-大暴雨条件下，污染入河量大小的排序为骂蠡港>东新河>陆典桥浜>梁溪河>芦村河>漫步桥河>西新河，可以看出骂蠡港受到的污染风险最大。因此，通过演算骂蠡港的污染入河过程来分析示范区城市面源污染的入河特点。骂蠡港排水口流量的变化过程与降雨量的变化趋势一致，骂蠡港排水口流量的峰值出现时间要晚于降雨峰值出现时间，中雨、大雨和暴雨-大暴雨降雨强度下，滞后时间分别为 3h、2h 和 1h；同时，骂蠡港排水口流量的峰值出现时间也要等于或是晚于 TN 污染浓度峰值出现时间，在中雨、大雨和暴雨-大暴雨降雨强度下，滞后时间分别为 0h、1h 和 14h（图 4-38、图 4-39 和图 4-40）。

4.4.3 面源污染风险区的空间分布规律分析

不同用地类型对面源污染的影响程度也存在差异。模型演算出了 2018 年枯水期、平水期和丰水期三个时期内，地表面源污染风险区的商服用地、住宅用地和工业用地的单位面积污染负荷（图 4-41、图 4-42 和图 4-37）。这三种用地类型在同一时期内的面源污染变化趋势基本一致，符合城市面源污染雨天产生、晴天

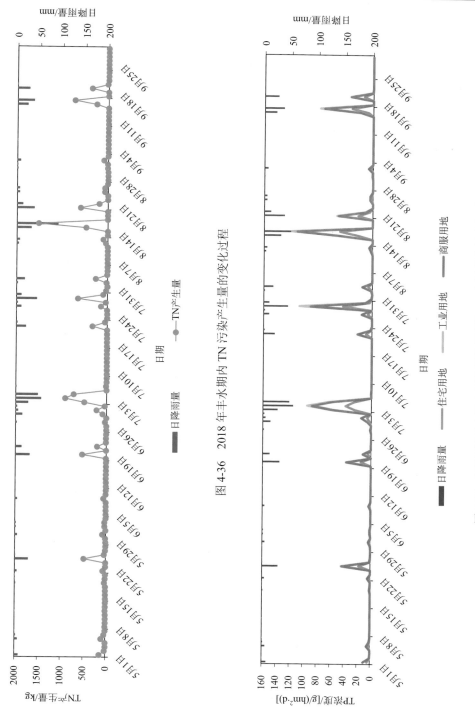

图 4-36　2018 年丰水期内 TN 污染产生量的变化过程

图 4-37　2018 年丰水期内三种用地类型的 TP 产污强度的变化过程

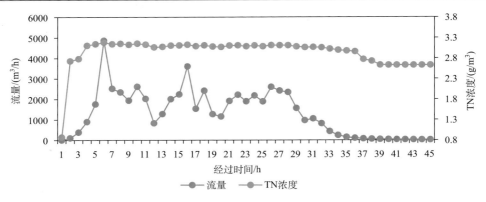

图 4-38 中雨条件下进入骂蠡港的流量和 TN 浓度变化过程

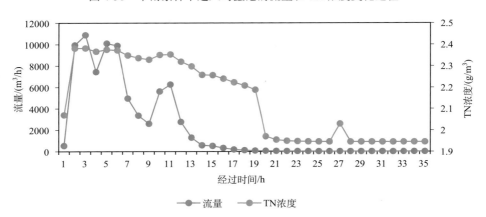

图 4-39 大雨条件下进入骂蠡港的流量和 TN 浓度变化过程

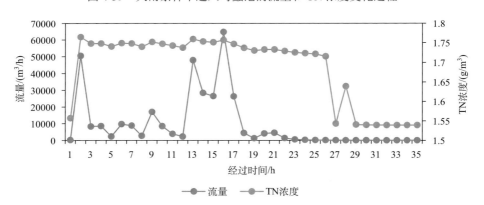

图 4-40 暴雨-大暴雨条件下进入骂蠡港的流量和 TN 浓度变化过程

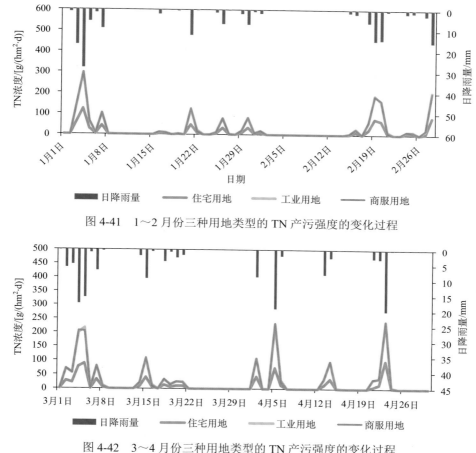

图 4-41　1～2 月份三种用地类型的 TN 产污强度的变化过程

图 4-42　3～4 月份三种用地类型的 TN 产污强度的变化过程

累积的特点。商服用地和工业用地的污染相对严重，而住宅用地虽然在地表污染风险内的面积占比最大，但其产污强度基本是商服用地和工业用地的一半左右。就不同用地类型的 TN 和 TP 的产污强度变化过程来看，在丰水期内，降雨强度和降雨量较大的情况下，TP 产污强度的变化过程与 TN 变化规律不一致，此时工业用地的产污强度峰值大于商服用地的产污强度峰值，说明在雨强和雨量较大的情况下，工业用地的 TP 污染对其的响应较 TN 更为敏感。

4.5　基于同位素示踪的面源污染源解析

先前研究表明，城市区域河流水体中硝酸盐主要来源于大气沉降（AP）、粪肥和污水（MS）、NO_3^- 化肥（NIF）、降雨中的 NH_4^+（NF）及土壤中的 N（SN）。

由于不同潜在来源的 $\delta^{15}N\text{-}NO_3^-$ 和 $\delta^{18}O\text{-}NO_3^-$ 值存在差异，研究采用经典的 $\delta^{15}N\text{-}NO_3^-$ 与 $\delta^{18}O\text{-}NO_3^-$ 散点图定性识别水体中硝酸盐的主要来源。同时，利用贝叶斯同位素混合模型（Bayesian isotope mixing model）定量估算不同潜在来源对水体中硝酸盐的贡献。

4.5.1 城市径流中氮来源识别

1. 硝酸盐来源识别与估算

根据城市区氮面源污染有关研究，河流水中的 $NO_3^-\text{-}N$ 来源包括化肥、大气沉降、粪便和污水、土壤中有机氮和地下水（Xue et al., 2009）。与先前许多研究一样（Ji et al., 2017; Xue et al., 2012; Zhang et al., 2018），本书主要关注面源污染对城市径流及河流水体中 $NO_3^-\text{-}N$ 的贡献，尽管地下水也可能对河流中的 $NO_3^-\text{-}N$ 污染造成影响，但本书城市区域河流水体中水源补给主要为降雨径流及上游来水，地下水贡献非常小，故本书不做讨论。此外，城市区化肥主要用于绿化植被的日常养护，且施用的化肥主要为氨肥，同时河流及径流样品中极少有样品符合 NO_3^- 化肥来源，因此本书没有将 NO_3^- 化肥作为水体中 $NO_3^-\text{-}N$ 的潜在来源用于源识别与贡献计算。先前研究表明，生活污水中的 $\delta^{15}N\text{-}NO_3^-$ 值低于粪便中的 $\delta^{15}N\text{-}NO_3^-$ 值，为 4‰～19‰（Xue et al., 2009），而且研究区无大型动物养殖之类的潜在粪肥来源，加之本书中大部分样品的 $\delta^{15}N\text{-}NO_3^-$ 值在 19‰以下，因此本书中污水和粪肥来源仅为生活污水源。此外，未经处理与经处理的生活污水中 $\delta^{15}N\text{-}NO_3^-$ 值无显著差异，如污水处理厂中的 $\delta^{15}N\text{-}NO_3^-$ 和 $\delta^{18}O\text{-}NO_3^-$ 分别为（13.88±5.86）‰和（2.34±3.39）‰（Zhao et al., 2019），未处理的生活污水中 $\delta^{15}N\text{-}NO_3^-$ 和 $\delta^{18}O\text{-}NO_3^-$ 分别为（11.4±2.3）‰和（2.5±2.2）‰（Ding et al., 2014）；同时，本书城市区域河流并无污水处理厂来水，因此本书使用了未处理污水中的 $\delta^{15}N\text{-}NO_3^-$ 和 $\delta^{18}O\text{-}NO_3^-$ 值作为生活污水源的特征值用于 SIAR 模型的贡献计算。综上所述，本书确定研究区径流及河流水体中的 $NO_3^-\text{-}N$ 有四种潜在污染源，分别为生活污水（MS）、土壤有机氮（SN）、降水中的 NH_4^+（NF）和大气沉降（AP）。各潜在来源的硝酸盐同位素组成范围已在先前的研究中得到测定（Ding et al., 2014; Yang and Toor, 2016; Zhang et al., 2018），因此与许多研究类似，本书同样引用类似研究区的硝酸盐同位素值用于来源贡献计算（表 4-9）。

基于确定的 4 个潜在源中 $\delta^{15}N\text{-}NO_3^-$ 和 $\delta^{18}O\text{-}NO_3^-$ 值范围，本书采用双同位素（$\delta^{15}N\text{-}NO_3^-$ 和 $\delta^{18}O\text{-}NO_3^-$）绘制的散点图来确定样品中 $NO_3^-\text{-}N$ 的主要来源（Xue et al., 2009）。当样品中 $\delta^{15}N\text{-}NO_3^-$ 和 $\delta^{18}O\text{-}NO_3^-$ 的散点落在 $NO_3^-\text{-}N$ 来源的某个或重叠区域内时，则可以定性判断 $NO_3^-\text{-}N$ 来自该来源或对应的多个源。基于 R 软件中 MixSIAR 软件包，应用稳定同位素分析模型（SIAR）可定量估算不同 $NO_3^-\text{-}N$ 源

表 4-9　各潜在来源中 $\delta^{15}\text{N-NO}_3^-$ 和 $\delta^{18}\text{O-NO}_3^-$ 值

潜在来源	$\delta^{15}\text{N-NO}_3^-$/‰	$\delta^{18}\text{O-NO}_3^-$/‰	样品数	数据来源
污水源（MS）	16.3 ± 5.7	7.0 ± 2.7		Zhang et al., 2018
肥料及降水中的 NH$_4^+$（NF）	−0.2 ± 2.3	−2.0 ± 8.0		Yang and Toor, 2016
大气沉降（AP）	4.3 ± 2.6	63.6 ± 8.2	6	本书实测
土壤有机氮（SN）	7.5 ± 5.2	−2.0 ± 8.0		Divers et al., 2014; Kellman, 2005

的贡献比例。基于贝叶斯框架，SIAR 采用狄利克雷函数作为污染源贡献率的先验逻辑分布。当输入同位素信息时，更新的信息包含在后验分布中。基于贝叶斯方程，得到了各来源的后验分布特征和各来源贡献的概率分布。根据概率分布的结果，计算每个来源所占的比例（Parnell et al., 2010）。混合模型描述如下：

$$X_{ij} = \sum_{k=1}^{k} P_k \left(S_{jk} + C_{jk} \right) + \varepsilon_{ij} \tag{4-3}$$

$$S_{jk} \sim N\left(\mu_{jk}, \omega_{jk}^2 \right) \tag{4-4}$$

$$C_{jk} \sim N\left(\lambda_{jk}, \tau_{jk}^2 \right) \tag{4-5}$$

$$\varepsilon_{ij} \sim N\left(0, \sigma_j^2 \right) \tag{4-6}$$

式中，X_{ij} 是采集的 i 样品中 j 同位素值，其中 i=1,2,3,$\cdots$,N；j=1,2,3,$\cdots$,j；S_{jk} 是 k 来源的 j 同位素值（k=1,2,3,$\cdots$,k），其值服从平均值为 μ_{jk} 和标准偏差为 ω_{jk}^2 的正态分布；P_k 是 k 来源的比例贡献，为模型需要计算值；C_{jk} 是 k 来源的 j 同位素的分馏因子，其值服从平均值为 λ_{jk} 和标准偏差为 τ_{jk}^2 的正态分布；ε_{ij} 是采集 i 样品中 j 同位素值的残差，服从平均值为 0，标准偏差 σ 为 2 的正态分布。在本书中，城市径流及河流水体中均未发现反硝化作用（详见 4.5.2 节），因此在计算时将分馏因子 C_{jk} 设定为 0。

2. 地表径流中硝酸盐来源识别

地表径流样品（n=68）中 $\delta^{15}\text{N-NO}_3^-$ 和 $\delta^{18}\text{O-NO}_3^-$ 值分别为−3.3‰～17.7‰（平均值为 6.2‰）和 9.3‰～56.3‰（平均值为 35.6‰），其中地表径流中 $\delta^{15}\text{N-NO}_3^-$ 和 $\delta^{18}\text{O-NO}_3^-$ 最高值分别出现在商业用地（$\delta^{15}\text{N-NO}_3^-$：10.6‰）和道路用地（$\delta^{18}\text{O-NO}_3^-$：46.1‰）。事件 190409 中，$\delta^{15}\text{N-NO}_3^-$ 和 $\delta^{18}\text{O-NO}_3^-$ 值分别为−1.8‰～15.2‰ 和 20.1‰～56.3‰，高于事件 190526 和事件 190901（图 4-43）。

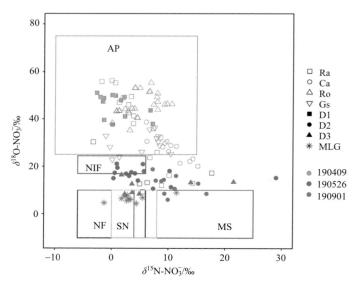

图 4-43　地表径流中硝酸盐 δ^{15}N-NO$_3^-$ 和 δ^{18}O-NO$_3^-$ 特征及来源解析

　　AP 是城市地表径流中硝酸盐的主要来源，贡献了 55.1%，这与前人研究结果一致（图 4-44）。降雨冲刷不同硝酸盐潜在来源进入径流水体发生的混合效应在不同用地类型之间可能存在差异，导致硝酸盐来源贡献比例不同。住宅用地地表径流中 δ^{15}N-NO$_3^-$ 和 δ^{18}O-NO$_3^-$ 值分别为 –3.3‰～17.7‰ 和 9.3‰～56.3‰（$n=21$）。整体来看，三次降雨事件中 AP 和 SN 为主要硝酸盐来源，分别贡献了 46% 和 49%。其中，事件 190409 径流硝酸盐主要来自 AP 源，AP 贡献了 72.0%，而事件 190526 和事件 190901 径流水体硝酸盐主要来源为 MS 源，MS 分别贡献了 35.2% 和 42.4%。商业用地地表径流中 δ^{15}N-NO$_3^-$ 和 δ^{18}O-NO$_3^-$ 值分别为 6.1‰～15.2‰ 和 20.1‰～38.7‰（$n=12$，全部为 190409 事件样品）。AP 和 MS 分别贡献了地表径流中 39% 和 33% 的硝酸盐，为主要硝酸盐来源（图 4-44）。居住用地和商业用地属于人类生活密集场所，晴天时生活废水泼洒在地表以及生活垃圾桶存放的垃圾在降雨时成为重要的 MS 污染来源。有研究表明，当水体中硝酸盐来源于生活污水时，有较低的 δ^{15}N-NO$_3^-$（4‰～19‰），因此，本书中 MS 的污染源主要为生活污染。

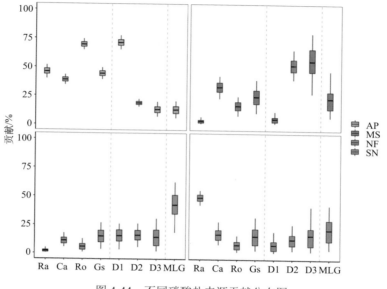

图 4-44　不同硝酸盐来源贡献分布图

道路用地地表径流中 $\delta^{15}N$-NO_3^- 和 $\delta^{18}O$-NO_3^- 值分别为 0.0～10.6‰和 35.3‰～55.4‰（n=23）。道路用地地表径流中高的 $\delta^{18}O$-NO_3^- 表明，AP 是径流中硝酸盐主要来源（图 4-43）。贝叶斯混合模型分析结果表明，三次降雨事件中 AP 平均贡献了 70%的硝酸盐，变异系数为 5.2%。道路用地采样点位于主要交通干线，道路清扫率高且无其他潜在污染源，所以 AP 是道路径流硝酸盐主要来源。绿化地表径流中 $\delta^{15}N$-NO_3^- 和 $\delta^{18}O$-NO_3^- 值分别为–1.1‰～10.4‰和 22.9‰～36.5‰和（n=12）（图 4-43）。AP 是绿化用地地表径流中硝酸盐的主要来源，贡献了 44%（图 4-44）。值得注意的是，除了 AP 来源，MS 和 NF 分别是事件 190409 和 190901 径流硝酸盐另一重要来源，分别贡献了 31.4%和 40.4%。主要因为事件 190901 采样点位于道路旁绿化带，化肥施用是绿化养护的常用方法，因此导致较高的 NF 来源。而事件 190409 采样点位于人类活动较为频繁的河边坡地，可能导致较高的 MS 来源。

3. 排水口及河流径流中硝酸盐来源识别

在径流出流阶段，排水口径流中 $\delta^{15}N$-NO_3^- 和 $\delta^{18}O$-NO_3^- 值（n=46）分别为–2.7‰～29.0‰（平均值为 5.7‰）和 6.0‰～51.1‰（平均值为 22.9‰）。排水口 D1 径流中 $\delta^{15}N$-NO_3^- 的平均值为 0.9‰，显著低于排水口 D2（8.3‰）和 D3（6.7‰）；而排水口 D1 径流中 $\delta^{18}O$-NO_3^- 的平均值为 45.7‰，显著高于排水口 D2（14.4‰）和 D3（11.1‰），表明排水口 D1 和 D2、D3 径流中硝酸盐来源存在显著差异（图

4-43）。排水口 D2 和 D3 径流中 δ^{15}N-NO$_3^-$ 和 δ^{18}O-NO$_3^-$ 值随径流过程有相反的变化趋势，但没有统计学上的显著负相关性，但排水口 D1 径流中无此规律。当不同来源硝酸盐发生混合时，比如高的 δ^{18}O-NO$_3^-$ 和低的 δ^{15}N-NO$_3^-$（AP 来源）与低的 δ^{18}O-NO$_3^-$ 和高的 δ^{15}N-NO$_3^-$（MS 来源）混合时，δ^{15}N-NO$_3^-$ 和 δ^{18}O-NO$_3^-$ 呈显著负相关关系（Kaushal et al., 2011; Kang et al., 2019）。所以，地表径流从产生至排水口过程中，可能存在多种来源混合效应。基于贝叶斯混合模型，研究计算了不同降雨事件和不同排水口径流中硝酸盐来源贡献。

D1 径流中 δ^{15}N-NO$_3^-$ 和 δ^{18}O-NO$_3^-$ 值为 –2.7‰~7.2‰ 和 37.6‰~51.1‰，δ^{15}N-NO$_3^-$ 和 δ^{18}O-NO$_3^-$ 散点全部分布在 AP 来源框内，表明 AP 是 D1 径流中硝酸盐的主要来源（图 4-43）。根据贝叶斯混合模型的结果，AP 贡献了 D1 径流中 69.3% 的硝酸盐（图 4-44）。排水口 D2 径流中 δ^{15}N-NO$_3^-$ 和 δ^{18}O-NO$_3^-$ 值为 0.3‰~29.0‰ 和 6.0‰~21.1‰（n=25）。基于贝叶斯混合模型，MS、NF、AP 和 SN 分别贡献了径流中 52%、16%、19% 和 13% 的硝酸盐。排水口 D3 径流中 δ^{15}N-NO$_3^-$ 和 δ^{18}O-NO$_3^-$ 值为 1.7‰~21.5‰ 和 7.6‰~16.5‰（n=8），样品散点主要符合 MS 来源范围。贝叶斯混合模型分析结果表明，MS 贡献了 D3 径流中 56% 的硝酸盐。MLG 作为主要接纳排水口出水的河流，水体中 δ^{15}N-NO$_3^-$ 和 δ^{18}O-NO$_3^-$ 值为 –1.3‰~11.4‰ 和 4.3‰~8.9‰，样品的 δ^{15}N-NO$_3^-$ 和 δ^{18}O-NO$_3^-$ 散点分布在 NF 和 SN 范围内，贝叶斯混合模型分析结果表明，NF 和 SN 分别贡献了 52.7% 和 22.5% 的硝酸盐。

4. 城市管网中累积氮分析

研究发现，降雨径流中的氮浓度经排水管网汇集排出后显著上升，因此确定在城市管网系统中"埋藏"了大量氮磷污染物，在降雨期随径流流出。因此，研究以 TN、溶解性总氮（DTN）和 NO$_3^-$-N 为例，分析城市管网中氮"埋藏"情况及主要来源。

从图 4-45（a）可以看出，与道路径流相比，D1 排水口的 TN、DTN 和 NO$_3^-$-N 平均浓度分别从 2.7mg/L 增加到 3.8mg/L、从 1.5mg/L 增加到 3.0mg/L 和从 1.3mg/L 增加至 2.2mg/L，增长率分别为 40%、99% 和 69%。与住宅地表径流相比，D2+D3 排水口中 TN、DTN 和 NO$_3^-$-N 的平均浓度分别从 3.0mg/L 增加到 7.3mg/L、从 2.0mg/L 增加到 6.9mg/L 和从 0.2mg/L 增加至 2.1mg/L，增长率分别为 143%、245% 和 950%。与所有地表径流相比，骂蠡港河中 TN、DTN 的平均浓度分别从 4.1mg/L 增加到 6.0mg/L、从 2.4mg/L 增加到 5.5mg/L，NO$_3^-$-N 从 0.2mg/L 减少至 0.1mg/L，增长率分别为 46%、129% 和 –50%［图 4-45（a）］。在排水口中，TN 浓度增加的比率小于 DTN 及 NO$_3^-$-N。因此，管道中累积的氮污染在城市径流过程中也起着重要作用，尤其是排水管网中大量的溶解氮积累。

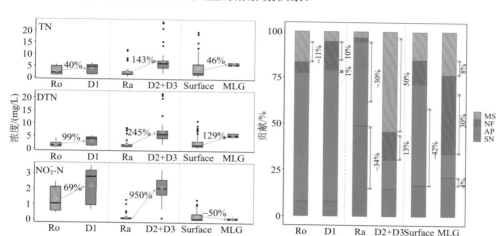

图 4-45　地表径流中氮浓度与排水口氮浓度对比分析（a）及地表径流中 NO_3^--N 来源贡献与排水口对比分析（b）

图中 D2+D3 表示排水口 D2 和 D3 平均值；Surface 表示所有地表径流样品平均值

研究进一步分析了地表径流和排水径流之间潜在的 NO_3^--N 源贡献的变化，以进一步确定排水管中积累的氮来源［图 4-45（b）］。在道路集水区，与道路用地径流相比，D1 径流中污水对 NO_3^--N 的贡献减少了 11%，而肥料的贡献增加了 10%，大气中 NO_3^- 和土壤 N 的贡献变化很小。D1 径流中的 NO_3^--N 浓度与 TN（$R^2 = 0.97$）和 DTN（$R^2 = 0.98$）有显著的线性关系。因此，排水管中积累的大量氮主要来自肥料。

在住宅用地集水区，与地表径流相比，AP 和 SN 源对 D2 + D3 径流中 NO_3^--N 的贡献减少了 30% 和 34%，而 MS 和 NF 的贡献分别增加了 50% 和 13%。NO_3^--N、TN 和 DTN 的变异系数分别为 31%、75% 和 71%，这表明在排水径流过程中，管道中累积的 NO_3^--N 稳定地流入径流中［图 4-45（b）］。高浓度的 TN 和 DTN 及低浓度的 NO_3^--N 叠加在管道中，可能导致 NO_3^--N 浓度与 TN 和 DTN 之间没有显著相关性（$P > 0.05$）。此外，前人研究表明，生活污水中的 NH_4^+-N 浓度远高于 NO_3^--N，这与我们的结果一致。因此，居住区排水管中积累的氮主要来自污水渗漏。

与总地表径流相比，骂蠡港河中 AP 源对 NO_3^--N 的贡献减少了 42%，而 MS、NF 和 SN 的贡献分别增加了 8%、30% 和 4%［图 4-45（b）］。因此，在从地表到骂蠡港河的径流过程中，肥料的流入及污水渗漏流入径流，导致骂蠡港河中 TN

和 DTN 浓度的增加。

4.5.2　城市河流中硝酸盐来源识别

1. 硝酸盐来源空间特征

在城中河流（采样点 S7～S9，图 4-46）中，水体 $\delta^{15}N\text{-}NO_3^-$ 和 $\delta^{18}O\text{-}NO_3^-$ 值分别为 –2.3‰～30.4‰和–0.97‰～19.0‰（n=36）。总体来看，有 27 个样品的散点落在 MS 框内，表明城中河流中硝酸盐主要来自生活污染源（图 4-46）。其中，6月和 11 月散点主要落在 NF 和 SN 框内，这主要是因为采样前一天分别降雨23.2mm 和 23.6mm。冬季城中河流散点主要落在 MS 框内，表明冬季河流中有更多硝酸盐来自 MS。此外，城中河流中 15 个样品散点的 $\delta^{18}O\text{-}NO_3^-$ 值超过河流硝化产生的 $\delta^{18}O\text{-}NO_3^-$ 值，这主要与采样前一天降雨有关。降雨中硝酸盐高的$\delta^{18}O\text{-}NO_3^-$，混合其他源进入河流，导致较高的 $\delta^{18}O\text{-}NO_3^-$。城市化导致河流两岸硬质化面比例的增加，减弱了土壤的硝化作用。

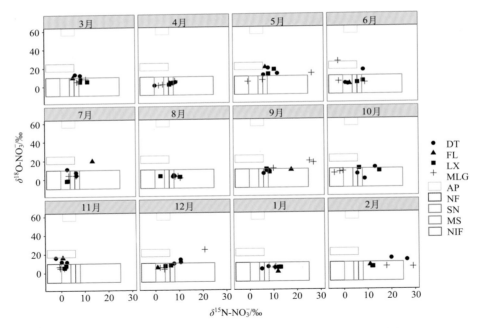

图 4-46　硝酸盐 $\delta^{15}N\text{-}NO_3^-$ 和 $\delta^{18}O\text{-}NO_3^-$ 时空特征及来源解析

在农田河流（采样点 S6）中，水体 $\delta^{15}N\text{-}NO_3^-$ 和 $\delta^{18}O\text{-}NO_3^-$ 值分别为 0.62‰～17.8‰和 0.46‰～20.0‰（n=10）。总体来看，散点主要落在 MS、NF 和 SN 的重

叠区域，表明农田河流硝酸盐具有复杂的来源（图 4-46）。农田河流周边及上游主要为未利用地、耕地和农村居民点，导致多种潜在来源随着降雨进入农田河流。冬季散点主要落在 MS 框内，表明冬季农田河流硝酸盐主要来自 MS。

在梁溪河（采样点 S4、S5）中，水体 δ^{15}N-NO$_3^-$ 和 δ^{18}O-NO$_3^-$ 值分别为 1.3‰～15.1‰和–1.7‰～17.5‰（n=24）。总体来看，75%的样品散点落在 MS 框内，表明梁溪河中硝酸盐主要来自 MS（图 4-46）。7 月和 11 月散点主要落在 NF 框内，这可能与采样前一天的降雨有关。与其他河流不同，梁溪河主要来水为蠡湖补给，即 S5 采样点。研究发现，S5 采样点 δ^{15}N-NO$_3^-$ 值低于 S4 采样点，表明在蠡湖水进入梁溪河后有生活污染汇入，这也与氮浓度 S4 高于 S5 一致。冬季和秋季梁溪河 δ^{15}N-NO$_3^-$ 和 δ^{18}O-NO$_3^-$ 散点主要落在 MS 框内，表明冬季梁溪河硝酸盐主要来自 MS。

在骂蠡港河（采样点 S1～S3）中，水体 δ^{15}N-NO$_3^-$ 和 δ^{18}O-NO$_3^-$ 值分别为 –3.9‰～29.1‰和 0.71‰～29.0‰（n=35）。总体来看，60%的样品散点落在 MS 框内，表明骂蠡港河中硝酸盐主要来自 MS（图 4-46）。在 9 月份 S1 和 S2 采样点的 δ^{15}N-NO$_3^-$（25.5‰和 27.2‰）和 δ^{18}O-NO$_3^-$ 值（18.9‰和 17.1‰）高，主要与采样当天有较大降雨有关。S1 和 S2 采样点附近有大量雨水排水口，降雨携带 MS 进入河流，导致较高的 δ^{15}N-NO$_3^-$ 和 δ^{18}O-NO$_3^-$，与 9 月骂蠡港河中 TN 和 NH$_4^+$-N 浓度激增一致。这也表明，降雨携带面源污染是河流水体的重要污染源。冬季骂蠡港河中散点主要落在 MS 框内，表明 MS 是硝酸盐主要来源。有 14 个样品主要落在 NF 框内，其中 10 月和 11 月样品散点均分布在 NF 框内，表明 NF 也是骂蠡港河中硝酸盐重要来源。主要因为骂蠡港河周边有很多绿化用地和菜园，使用的肥料被降雨冲刷至河流，成为 NF 重要来源。

2. 硝酸盐来源季节特征

图 4-47 表明研究区河流水体硝酸盐来源存在明显年内差异。结果表明，从 3 月到 5 月，样品散点主要落在 MS、NF 和 SN 的重叠区域，表明春季河流中硝酸盐主要来自多种混合来源，但是仍然以 MS 来源为主。雨季的 6 月到 9 月及旱季的 11 月到次年 2 月，样品散点从主要落在 NF 框内，逐渐变成散点主要落在 MS 框内，表明河流中硝酸盐主要来源逐渐从 NF 来源转变为 MS 来源，而这一规律在其他研究中较少被发现。例如，由于采样频率较低，大多数研究表明，旱季较雨季有更高比例的 MS 来源，但是较少发现雨季和旱季内的变化规律。

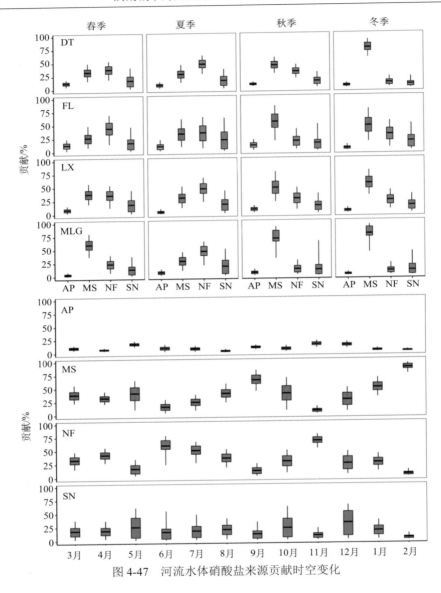

图 4-47　河流水体硝酸盐来源贡献时空变化

降雨特征是研究区水体硝酸盐来源年内变化的重要原因，但是较少有研究定量分析降雨与硝酸盐来源变化的关系。通过多元线性回归分析发现，河流中 $\delta^{15}N\text{-}NO_3^-$ 值与月累积降雨量和上一次降雨量分别存在正和负的显著相关性（$r^2=0.5$，$P<0.05$）。月降雨量越高，$\delta^{15}N\text{-}NO_3^-$ 值越高，上一次降雨量越低，水体中 $\delta^{15}N\text{-}NO_3^-$ 值越高。虽然研究区具有雨污分流系统，但是污水泼洒和污水渗漏等现象普遍存在，这也是城市河流硝酸盐主要的 MS 来源。研究区存在大量的绿化

用地，采样前的降雨将大量 NF 冲刷携带至河流中。而较差的河流水利连接系统，导致降雨是携带污染物进入河流的主要媒介。旱季较低的月累积降雨量和上一次低的降雨量，导致更多的 MS 源进入河流。但 7 月和 11 月采样前一天高的降雨量及较低的月累积降雨量，导致河流硝酸盐主要来源于 NF。

3. 硝酸盐来源贡献估算

基于贝叶斯混合模型，研究计算了高度城市化河流中硝酸盐各潜在来源贡献率（用平均值表示）（图 4-47）。贝叶斯混合模型分析结果表明，研究区河流水体硝酸盐主要来自 MS 和 NF，均值分别为 47.1% 和 30.1%，这一研究结果与其他城市河流水体硝酸盐来源主要为 MS 的结果一致。研究区河流高的 NF 来源与其他有关城市河流硝酸盐来源结果存在差异，这表明城市区绿化养护施用的化肥对河流水质产生的影响不容忽视。SN 和 AP 贡献率分别为 15.2% 和 7.7%，且不同河流和不同季节差异较小，不是城市河流硝酸盐的主要来源。

研究区河流硝酸盐来源贡献率同样存在时空变异性（图 4-47）。春季城中河流硝酸盐主要来自 NF（37.6%）和 MS（33.0%），农田河流硝酸盐主要来自 NF（44.0%），梁溪河中硝酸盐主要来自 MS（37.6%）和 NF（35.5%），骂蠡港河中硝酸盐主要来自 MS（59.8%）。夏季城中河流、梁溪河和骂蠡港河中硝酸盐主要来自 NF，平均贡献率为 46.9%，农田河流硝酸盐主要来自 NF（35.0%）和 MS（33.4%）。秋季城中河流、农田河流、梁溪河和骂蠡港河中硝酸盐主要来自 MS，贡献率分别为 44.3%、55.2%、48.6% 和 69.9%。冬季城中河流、农田河流、梁溪河和骂蠡港河中硝酸盐主要来自 MS，贡献率分别为 76.2%、46.9%、56.1% 和 78.4%。

MS 和 NF 作为河流硝酸盐的主要来源，月间波动剧烈，且变化趋势相反（图 4-47）。从年内变化来看，MS 对城市河流硝酸盐贡献在 6 月和 11 月为两个谷底，贡献分别为 15.5% 和 7.6%，在 9 月和 2 月分别为两个峰值，贡献分别为 65.3% 和 87.6%。研究区具有完备的雨污分流系统，泼洒和渗漏的污水进入河流，理论上与降雨量无显著相关性，而与泼洒和渗漏量有关。此外，研究发现，NF 贡献量与采样前一天降雨量呈显著二次相关关系，随着降雨的增加 NF 贡献增大，当降雨量超过 40mm 时，逐渐降低。这主要是因为降雨冲刷携带绿化带肥料进入河流，导致 NF 增加。此外，骂蠡港河雨污分流系统中，污水与雨水管道可能存在溢流堰，当降雨量超过一定阈值时，污水随降雨进入河流，这也解释了 9 月骂蠡港河 $\delta^{15}N\text{-}NO_3^-$ 值激增的现象。夏季高的降雨把土壤中的氮更多地输送至河流，导致 NF（43.9%）和 SN（18.6%）升高，而冬季降雨量较少，导致 MS（64.4%）升高和 SN（12.4%）降低。

第5章 城市河网水质对面源污染的响应关系

5.1 响应关系研究方法

5.1.1 河网水质对入河水量响应的分析方法

研究区排水口众多,河流水系复杂。研究选取城市内主要河流,包括骂蠡港、陆典河、蠡溪河及丁昌桥浜作为河流水质对面源污染响应研究的河流。其中骂蠡港对应的河流水质采样点为 S1、S2、S3 及 S1~S3 的平均值,陆典河对应的河流水质采样点为 S9,蠡溪河对应的河流水质采样点为 S8,丁昌桥浜对应的河流水质采样点位为 S7。通过分析排水口所在位置,确定了被分析河流上排水口数量(表5-1)。

表 5-1 水质对面源污染响应研究相关信息

水质样点	分析指标	分析时间	所在河流	排水口编号
S1				O1、O23、O24、O68、O69、O70、O71、O72、O73、O74
S2				
S3			骂蠡港	
S1~S3 平均值	TN TP	2018.3~2018.12		
S9			陆典河	O18、O114、O115、O53
S8			蠡溪河	O54、O55
S7			丁昌桥浜	O39

面源污染指标主要是核算各排水口指标并进行平均,通过分析水质中 TN 和 TP 浓度与面源污染指标间的相关性,建立数学回归模型,进而分析河网水质对面源污染的响应。在进行河网水质对面源污染响应的分析时,主要基于 4.1.2 节河网水质数据,4.2 节和 4.3 节面源污染产生量数据,其中各采样点水质特征分析不再赘述(见 4.1.2 节)。

5.1.2 河网水质对面源累积污染响应的分析方法

1. 河流周围地表氮磷加权累积量计算

城市地表累积氮磷作为城市河流污染来源之一,对河流水质状况具有重要影响。为了定量分析地表累积污染与河流水质间的关系，计算了各采样点周围单位面积地表氮磷累积浓度，简称地表加权氮磷累积浓度。计算方法为：首先，以各采样点为圆心，做任意半径的缓冲区；然后，统计缓冲区内各功能区面积；最后，利用下述公式近似计算各采样点地表加权氮磷累积浓度。

$$\mathrm{Ac}_i = \frac{\sum\limits_{j=1}^{n} C_j \times S_j}{S_{\mathrm{buffer}}} \tag{5-1}$$

式中，Ac_i 为采样点 i 的地表加权氮磷累积浓度（mg/m²）；C_j 为测得的功能区 j 地表平均累积氮磷污染物浓度（mg/m²）（表 5-2）；S_j 为缓冲区中功能区 j 的面积（m²）；S_{buffer} 为缓冲区总面积（m²）。各功能区面积统计以研究区功能区图为基础，在 ArcGIS 10.2 中计算。

表 5-2　不同用地类型污染物累积浓度　　　　（单位：mg/m²）

功能区	TN	TP	$\mathrm{NH_4^+}$-N	$\mathrm{NO_3^-}$-N	$\mathrm{PO_4^{3-}}$-P
Ca	51.0	1.2	5.8	2.7	0.04
Aps	52.3	0.6	6.5	3.0	0.3
Ia	47.4±4.4	2.4±1.2	5.7±0.6	2.9±2.2	0.2±0.1
Ra	71.8±24.5	11.2±7.8	7.8±2.5	0.5±0.7	1.2±1.3
Ro	60.0±24.6	5.8±4.4	6.2±1.2	0.9±0.6	0.6±0.5

注：表中数据为 mean±sd，Ca 和 Aps 仅有一个采样点。

2. 地表污染指数计算

面源累积污染作为城市河网区主要的潜在污染来源，其累积程度对河网水质有着重要影响。面源累积的氮磷污染物含有多种形态，其不同形态氮磷浓度对河网水质影响程度存在差异，因此需要一个综合性指标来定量描述面源污染程度。据此，参考有关水质指数，本书首次提出地表质量指数（surface quality index，SQI）和地表污染指数（surface pollution index，SPI）用于综合描述地面污染程度，公式如下：

$$\mathrm{SQI} = \frac{\sum\limits_{i=1}^{n} \mathrm{AC}_i \times P_i}{\sum\limits_{i=1}^{n} P_i} \tag{5-2}$$

$$\mathrm{SPI} = \frac{\sum\limits_{j=1}^{n} \mathrm{SQI}_j \times A_j}{A_{\mathrm{buffer}}} \tag{5-3}$$

式中，AC_i 为第 i 种污染物单位累积浓度（mg/m²）；P_i 为第 i 种污染物的相对权重；A_j 为第 j 种功能区面积（m²）；A_{buffer} 为缓冲区面积（m²）。

距离河流不同距离内的用地类型比例的不同，会导致 SPI 存在差异，为了定量研究离河流不同距离下面源污染累积程度对河流水质的影响，以各河流采样点为圆心分别做缓冲区并计算其 SPI 值。通过分析 SPI 与河流水体中不同污染物间的相关性来建立水质对面源污染的响应。

5.2 河网水质对入河水量的响应

5.2.1 河网 TN 对入河水量的响应

研究分析了采样点 S1、S2、S3、S7、S8、S9 及 S1~S3 的平均 TN 浓度对入河水量的响应，结果见图 5-1。可以看出，除 S9 采样点外，其他河流水体 TN 浓度与入河水量呈负二次相关关系（表 5-3）。响应关系结果表明，随着入河水量的增加，进入河流水体中的 TN 量增加，导致水体中 TN 浓度呈现增大的趋势。但是随着降雨强度和频次的增加，入河水量持续增加，由于初期冲刷效应及累积污染物的减少，进入水体的 TN 量增加缓慢，导致水体中 TN 浓度被稀释，呈下降趋势。

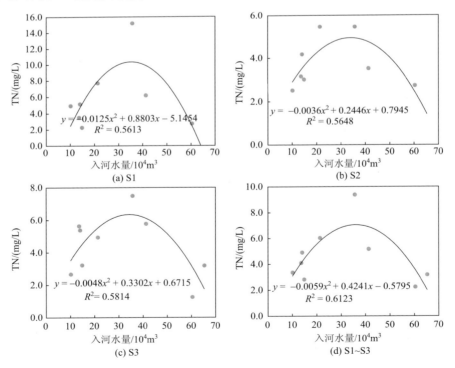

(a) S1   (b) S2   (c) S3   (d) S1~S3

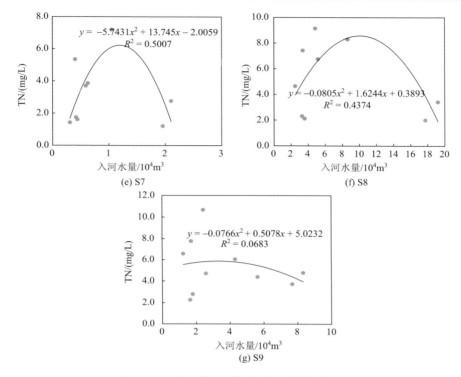

图 5-1　河网水体 TN 浓度对入河水量的响应

表 5-3　河网 TN 浓度对入河水量响应的回归方程

河流样点	河流名称	TN=a×入河水量^2+b×入河水量+c	
S1		$y = -0.0125x^2+0.8803x-5.1454$	$R^2=0.5613$
S2	骂蠡港	$y = -0.0036x^2+0.2466x + 0.7945$	$R^2=0.5648$
S3		$y = -0.0048x^2+0.3302x + 0.6715$	$R^2=0.5814$
S1~S3 平均值		$y = -0.0059x^2+0.4241x - 0.5795$	$R^2=0.6123$
S7	丁昌桥浜	$y = -5.7431x^2+13.745x - 2.0059$	$R^2=0.5007$
S8	蠡溪河	$y = -0.0805x^2+1.6244x + 0.3893$	$R^2=0.4374$
S9	陆典河	—	

　　根据河网 TN 浓度对入河水量的响应关系式，初步确定了河网 TN 浓度开始被稀释时的临界月入河水量（表 5-4）。可以看出，骂蠡港水体 TN 浓度随着入河水量的增加先增加，当月入河水量超过 $30×10^4m^3$ 时，S3 采样点河流 TN 浓度开始被稀释；当月入河水量超过 $35.2×10^4m^3$ 时，S1 采样点河流 TN 浓度开始被稀释；当月入河水量超过 $37.5×10^4m^3$ 时，S2 采样点河流 TN 浓度开始被稀释。骂

蠡港 TN 平均浓度被稀释的临界月入河水量为 $33.3 \times 10^4 m^3$。丁昌桥浜的 TN 浓度被稀释的临界水量远小于骂蠡港，当月入河水量为 $1.16 \times 10^4 m^3$ 时，TN 浓度开始下降。此外，当月入蠡溪河水量超过 $12.5 \times 10^4 m^3$ 时，水体 TN 浓度开始下降。

表 5-4   河网 TN 和 TP 被稀释临界入河水量

采样点	稀释临界水量/m³	
	TN	TP
S1	352000	333000
S2	375000	—
S3	300000	—
S1～S3 平均值	333000	357000
S7	11600	—
S8	125000	—
S9	—	—

5.2.2   河网 TP 对入河水量的响应

河网 TP 浓度对入河水量的响应关系较弱，仅骂蠡港 S1 采样点和 S1～S3 平均浓度对入河水量存在响应关系（图 5-2），其响应回归方程分别为

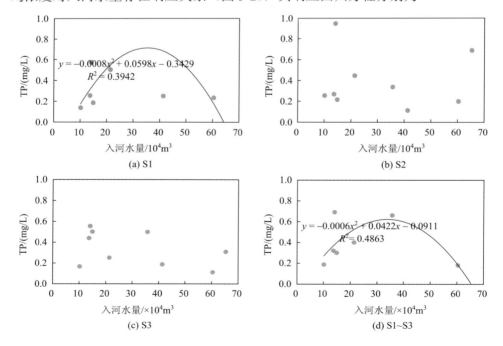

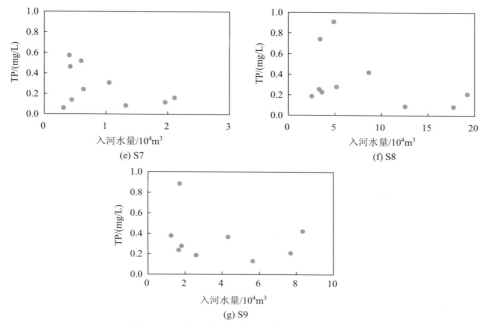

图 5-2　河网水体 TP 浓度对入河水量的响应

$$S1：y = -0.0008x^2 + 0.0598x - 0.3429，R^2 = 0.3942$$
$$S1 \sim S3：y = -0.0006x^2 + 0.0422x - 0.0911，R^2 = 0.4863$$

根据响应关系方程，计算出当骂蠡港月入河水量超过 $33.3 \times 10^4 \text{m}^3$ 时，S1 采样点水体 TP 浓度开始下降；当骂蠡港月入河水量超过 $35.7 \times 10^4 \text{m}^3$ 时，骂蠡港水体 TP 浓度开始下降。其他河流水体 TP 浓度对入河水量响应关系不明显，后期还需进一步研究。

5.3　河网水质对面源累积污染的响应

5.3.1　河网水质对地表污染物指数的响应

城市河流水体污染的主要来源为城市地表累积，而主要驱动力则为降雨径流。在 5.2 节中，研究得出了入河水量对河网水质的影响，即说明了降雨径流对河网水质的影响，而作为源头的面源污染物累积同样影响河网水质。

研究分析了不同缓冲半径下地表污染指数（SPI）与 TN 和 TP 浓度的相关性发现，对于河流中 TN 浓度来说，当缓冲半径超过 0.08km 时，二者存在显著相关关系，并且随着缓冲半径的增加，相关性增强（图 5-3）。而对于河流中 TP 浓度来说，当缓冲半径超过 0.2km 时，二者存在显著相关关系（图 5-4）。基于上述结

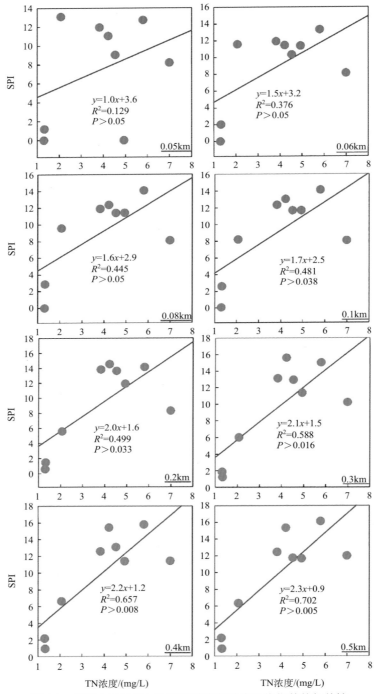

图 5-3　河网 TN 浓度与不同缓冲半径地表污染指数的相关性

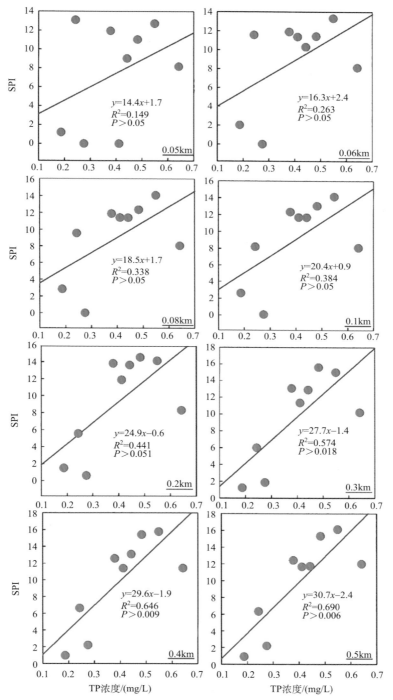

图 5-4　河网 TP 浓度与不同缓冲半径地表污染指数的相关性

果，研究认为，距离河流 0.08km 以上区域（不超过汇水区边界）内的污染物累积程度直接影响河流水体中 TN 浓度，而距离河流 0.2km 以上区域（不超过汇水区边界）内的污染物累积程度直接影响河流水体中 TP 浓度；而小于上述临界距离时，面源污染累积的影响相对较小。此外，研究发现，地表污染指数与缓冲区中居住区面积比例呈显著正相关关系（图 5-5），说明居住区面源污染累积在 SPI 中占主导地位，河网水质对居住区面源污染程度更为敏感。

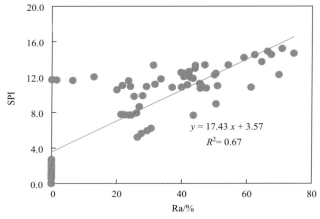

图 5-5 SPI 与居住区面积占缓冲区总面积比例相关性

研究区内功能用地类型复杂，不同河流周边功能用地类型存在很大差异，根据上述结果，研究已初步得出影响河流水质的面源累积污染范围。据此，研究认为，对于骂蠡港河，当周边居住区比例超过 28.8%时会对河流 TN 浓度产生显著影响，当超过 44.9%时会对 TP 浓度产生显著影响。而对于蠡溪河和陆典河，当周边居住区比例超过 42.0%时会对河流 TN 浓度产生显著影响，当超过 49.9%时会对 TP 浓度产生显著影响。表 5-5 给出了缓冲半径分别为 0.08km 和 0.2km 时的居住区面积及比例。

表 5-5 临界距离不同采样点居住区面积及比例

样点	缓冲半径 0.08km		缓冲半径 0.2km	
	居住区面积/m²	占比/%	居住区面积/m²	占比/%
S1	4770	23.7	32790	26.1
S2	6749	33.6	81105	64.6
S3	5858	29.1	55348	44.1
S4	10165	50.6	33197	26.4
S7	1303	6.5	39232	31.2
S8	8015	39.9	57239	45.6
S9	8869	44.1	68179	54.3

5.3.2　河网水质对地表累积氮磷浓度的响应

分析河流 TN、TP、NH_4^+-N、NO_3^--N 和 PO_4^{3-}-P 浓度与不同半径下地表氮磷加权累积量间的相关系数发现，随着半径的增加，相关系数先骤增，然后在 0.1km 后开始平稳或缓慢增加，但在 0.2km 后 NO_3^--N 浓度相关性开始降低（图 5-6）。在 0.1km 缓冲半径内，TN、TP、NH_4^+-N、NO_3^--N 和 PO_4^{3-}-P 浓度相关系数分别为 0.72、0.64、0.67、0.89 和 0.56。因此，研究认为，距离河流采样点超过 0.1km 范围的地表氮磷加权累积量开始显著影响河流水质，并以半径 0.1km 范围内的地表氮磷加权累积量为例进行以下分析。

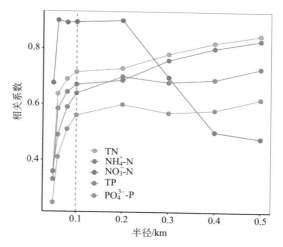

图 5-6　地表氮磷加权累积浓度与河流氮磷浓度相关系数随半径变化特征

研究结果表明，DT 河流采样点具有最高的 TN、TP、NH_4^+-N、NO_3^--N 和 PO_4^{3-}-P 地表加权累积量，平均值分别为 51.1mg/m^2、5.4mg/m^2、5.6mg/m^2、1.1mg/m^2 和 0.6mg/m^2，其次为 MLG，分别为 44.0mg/m^2、4.9mg/m^2、4.8mg/m^2、0.9mg/m^2 和 0.5mg/m^2，LX 分别为 16.6mg/m^2、2.5mg/m^2、1.8mg/m^2、0.1mg/m^2 和 0.3mg/m^2，最低为 FL，分别为 10.7mg/m^2、1.0mg/m^2、1.1mg/m^2、0.2mg/m^2 和 0.1mg/m^2（图 5-7）。因此，河流周围功能区类型及比例不同导致了地表污染物加权累积量的空间差异性，进而导致了河流水体氮磷污染物浓度的空间差异性，而居住用地是城市河流氮磷污染物主要来源区域。

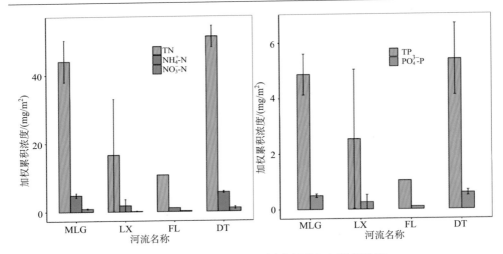

图 5-7　不同河流 0.1km 范围内氮磷加权累积浓度

第6章 城市河网水环境承载力评价

6.1 野外水文水质同步调查与评价

6.1.1 监测点位布设与监测方法

为掌握研究区水质现状及空间分布，提供环境容量计算所需数据，课题组根据河流支浜上、下游关系，在研究区河网布设了 31 个监测点（图 6-1），进行野外水文水质同步监测。详细监测点位信息见表 6-1 。

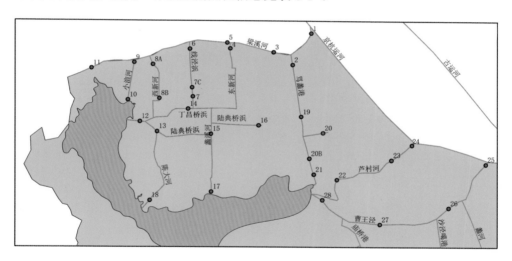

图 6-1　研究区范围及监测点分布

表 6-1　河网监测点位属性

编号	监测点位名称	河流	经度/（°）	纬度/（°）
1	梁溪河与京杭运河交汇口	梁溪河	120.2861	31.5581
2	骂蠡港与梁溪河交汇口	骂蠡港	120.2815	31.5507
3	梁溪河与骂蠡港交汇口	梁溪河	120.2766	31.5535
4	梁溪河与东新河交汇口	东新河	120.2655	31.5541
5	梁溪河中下游	梁溪河	120.2643	31.5554
6	线泾浜与梁溪河交汇口	线泾浜	120.2554	31.5538
7	线泾浜上游	线泾浜	120.2594	31.5424

续表

编号	监测点位名称	河流	经度/（°）	纬度/（°）
7C	建筑路与线径浜交汇口	线泾浜	120.2587	31.5486
8A	西新河与梁溪河交汇口	西新河	120.2458	31.5500
8B	西新河下游	西新河	120.2470	31.5423
9	小渲河与梁溪河交汇口	小渲河	120.2423	31.5503
10	小渲河下游	小渲河	120.2395	31.5418
11	梁溪河末端	梁溪河	120.2334	31.5488
12	丁昌桥浜与陆典桥浜源头	陆典桥浜	120.2425	31.5369
13	陆典桥浜上游	陆典桥浜	120.2471	31.5347
14	丁昌桥浜下游	丁昌桥浜	120.2557	31.5400
15	陆典桥浜中游	陆典桥浜	120.2612	31.5345
16	陆典桥浜下游	陆典桥浜	120.2734	31.5367
17	蠡溪河入湖口	蠡溪河	120.2617	31.5214
18	陈大河入蠡湖口	陈大河	120.2452	31.5192
19	骂蠡港中游	骂蠡港	120.2841	31.5389
20	后于湾浜上游	后于湾浜	120.2905	31.5353
20B	骂蠡港中下游	骂蠡港	120.2907	31.5268
21	骂蠡港入蠡湖口	骂蠡港	120.2916	31.5240
22	芦村河上游	芦村河	120.2982	31.5235
23	芦村河中游	芦村河	120.3103	31.5269
24	芦村河下游	芦村河	120.3172	31.5321
25	曹王泾下游	曹王泾	120.3373	31.5281
26	曹王泾中下游	曹王泾	120.3223	31.5138
27	曹王泾中上游	曹王泾	120.3047	31.5133
28	曹王泾上游	曹王泾	120.2943	31.5176

各点位水文监测要素主要为水深、流速、流向，利用卷尺、水尺和激光测距仪为主要工具测量河道断面形状，采用测深锤进行水深监测，流速则采用旋杯式流速仪进行现场监测（图 6-2）。水质指标主要通过采集点位水样冷藏带至实验室进行检测，包括总氮（TN）、总磷（TP）、高锰酸盐指数（COD_{Mn}）、五日生化需氧量（BOD_5）、氨氮（NH_3-N）等项目。其中，TN 利用碱性过硫酸钾消解紫外分光光度法（GB 11894—1989）检测，TP 采用钼酸铵分光光度法（GB 11893—1989）测定，COD_{Mn} 根据 GB 11892—1989 规定的方法检测，BOD_5 采用稀释与接种法（HJ 505—2009）进行分析，NH_3-N 利用水杨酸分光光度法（GB 7481—1987）测定。监测采样时间为 2018 年 3 月 24 日～2018 年 3 月 27 日（枯水期）、2018 年

5月9日～2018年5月11日（平水期）、2018年6月21日～2018年6月24日（丰水前期）、2018年8月14日～17日（丰水期后期）和2018年11月16日～19日（平水期）。

水位测量　　　　　　　　　　　　　　　　水样采集

河道　　　　　断头浜　　　　　雨水排污口　　　　水闸　　　　生态浮岛

图 6-2　调研现场照片

此外，还调研了河道断面（河宽、底高、边坡比）、长度、流向、容积等内容，收集了气象、土地利用、土壤质地、闸泵、雨水及排污口分布、污染源排放方式与强度、周边人口、居住区密度等项目信息。

6.1.2　河道水质现状评价（枯水期）

1. 单指标因子评价

1）TN浓度

监测区TN浓度在1.04～10.57mg/L之间，总体明显偏高，平均值为4.79mg/L，是V类水2mg/L标准的2.4倍，呈劣V类水平（图6-3）。

从空间分布来看，线泾浜（6、7、7C号点）、骂蠡港（2、19、20B、21号点）、后于湾浜（20号点）、芦村河、曹王泾污染最为突出。这主要是因为一方面该类河流的沿岸大型居民社区较多，人口密集，污染源排放量大；另一方面河流水体流动性差，自净能力弱，且缺少调水引水提升环境容量措施，导致TN严重超标。西新河（8B、8A号点）和梁溪河（11、5、3、1号点）较其他河道TN浓度相对不高。西新河两岸主要分布的是工业设计园、超级计算机科技园、税务局等行政企事业单位，该类场所建筑排水管网系统健全、污水收集体系完善、截污纳管率高，降低了西新河水体受污染的风险。梁溪河河道宽阔，地方水务部门通过开启梅梁湖泵站，加大从五里湖向大运河方向的调水力度，提高水体的流动性，推动河道水质提升，另外通过生态清淤工程，降低内源释放量，使其 TN 浓度相对较低。

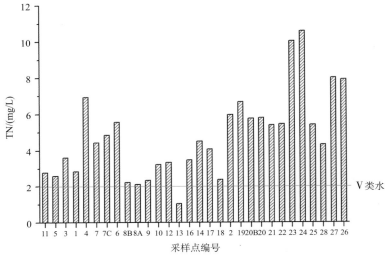

图 6-3　监测点位 TN 水质现状

2）NH$_3$-N 浓度

监测区 NH$_3$-N 浓度介于 0.03～0.16mg/L 之间，总体含量较低，平均值为 0.09mg/L，达到 I 类水标准。这说明该区域的 TN 浓度过高可能是由硝态氮（NO$_3^-$-N）、亚硝态氮或有机氮含量超标引起（图 6-4）。

空间上呈现为与 TN 分布趋势一致的规律，即线泾浜、骂蠡港、后于湾浜（20号点）、芦村河、曹王泾污染较高，而西新河和梁溪河污染较低。

3）TP 浓度

监测区 TP 浓度介于 0.04～0.95mg/L 之间，符合功能区用水（II 类、III 类水）标准的点位占总数的 51.6%，而 IV、V 类水标准的点位占 38.7%，劣 V 类水占 9.7%。总体来说，TP 超标情况不如 TN 严重，污染程度居中，属于局部地区超标（图 6-5）。

TP 浓度空间分布规律与 TN、NH$_3$-N 相似：东新河、线泾浜、骂蠡港、后于湾浜、芦村河、曹王泾污染较高，TP 浓度大部分超过 IV 类水标准，是今后控制城市水体 TP 浓度的重点治理区域；而西新河、梁溪河、陆典桥浜、小渲河的 TP 浓度较低，有相当一部分点位达到 II 类水标准。

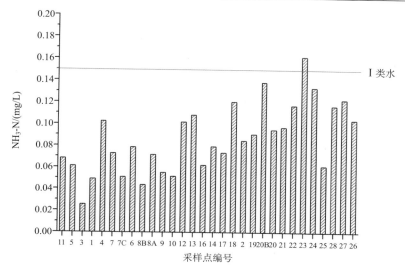

图 6-4　监测点位 NH₃-N 水质现状

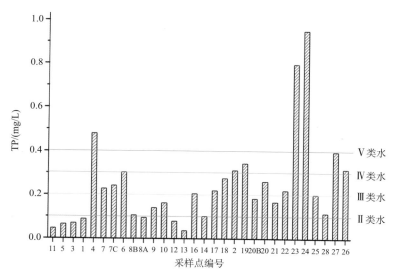

图 6-5　监测点位 TP 水质现状

4）COD_{Mn}

监测区 COD_{Mn} 范围为 3.92～8.06mg/L，平均值为 5.24mg/L，除芦村河和曹王泾不能达到功能区用水标准外，其余河流点位基本都能达到Ⅲ类水标准（图 6-6）。这表明该区域总体由高锰酸盐氧化的有机物污染较轻，不是区域功能用水的限制因子。

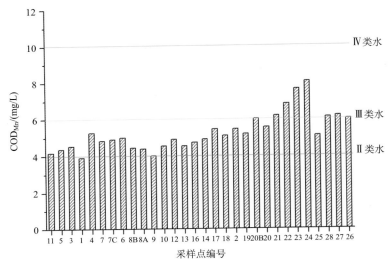

图 6-6　监测点位 COD_{Mn} 水质现状

COD_{Mn} 的空间分布规律与前述指标不同，COD_{Mn} 数值分布相对均一，各河流差别不大。

5）BOD_5

监测区 BOD_5 在 0.78～26.42mg/L 之间，波动较大，平均值为 8.01mg/L（图 6-7）。符合功能区用水标准（Ⅱ类、Ⅲ类水标准）点位占总数的 20.0%，而

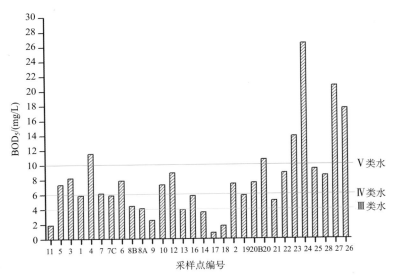

图 6-7　监测点位 BOD_5 水质现状

符合Ⅳ、Ⅴ类水标准的点位占 60.0%，劣Ⅴ类水标准的点位则占 20.0%。总体来说，大部分水体超标严重，含量较 COD_{Mn} 偏高，说明该区能被微生物氧化分解的有机物含量相对较高。

梁溪河、芦村河、曹王泾、骂蠡港的 BOD_5 较高，西新河、蠡溪河、陈大河的 BOD_5 较低。

2. 综合水质指数评价

为避免单一因子评价的缺陷，本书采用综合指数评价法对水污染状况进行综合判断，确定水体污染程度和主要污染物。

综合污染指数评价方法的计算公式为

$$P = \frac{1}{m}\sum_{i=1}^{m} P_i \tag{6-1}$$

$$P_i = \frac{C_i}{C_0} \tag{6-2}$$

式中，P 为水质综合指数；P_i 为第 i 种污染物的污染指数；C_i 为第 i 种污染物的浓度值；C_0 为第 i 种污染物的评价标准。考虑到该区域河流在江苏水功能区划中水质保护目标均为Ⅲ类水，因此，以Ⅲ类水标准作为污染物的评价标准。

结果表明，全区域河道达到基本合格以上水平的仅有 5 个点位，占总采样点数的 16.13%，主要分布在西新河、小渲河、陆典桥浜和梁溪河的上游（图 6-8）。研

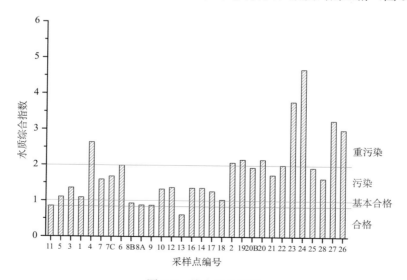

图 6-8　综合评价结果

究区有 26 个点已经达到污染水平以上，占总采样点数的 83.87%，其中有 9 个甚至达到重污染水平。这表明该区域整体已处于污染水平，其中骂蠡港、东新河、芦村河、曹王泾污染最为严重，是污染治理、控源减排的关键区域。

6.2 复杂雨洪条件下水环境承载力模型构建

6.2.1 水环境承载力模型

研究区河网受闸泵控制，流速缓慢，污染物入河后可基本完全混合，因此，选择零维水质模型计算水域纳污能力：

$$C = \frac{W + C_0 Q_0}{KV + Q_0 + q} \tag{6-3}$$

式中，C 为污染物浓度；W 为水环境承载力（kg/d），可由式（2-3）算出；Q_0、C_0 分别为上游来水流量（m³/s）与水质浓度（mg/L）；q 为旁侧降雨径流汇入河道流量（m³/s），由降雨径流模型计算得出。

该方法概念明确，简单可靠，且计算结果和污染源位置没有关系，人为影响小（逄勇等，2010）；但由于该方法必须满足河段各断面的浓度在所有空间、时间均达到水质目标，是一种理想状态，实际情况下断面不可能完全混合，故导致计算结果偏大。从符合水环境管理要求的角度出发，为保证水环境承载力计算结果与实际不均匀现象相一致，在计算过程中采用一定安全系数对结果进行修正，将该系数定义为不均匀系数 α，即修订后的水环境承载力为 $W' = \alpha W$。

考虑到研究区处于滨湖河网地区，水流方向不固定，为往复流河。往复流河道的水环境容量按正向流、反向流时的水环境承载力取时间加权平均，即滨湖河网区水环境容量为

$$W' = W_{正}' \cdot \frac{A}{A+B} + W_{反}' \cdot \frac{B}{A+B} \tag{6-4}$$

式中，$W_{正}'$、$W_{反}'$ 分别为正向流、反向流时的河道水环境承载力；A、B 分别为正向流、反向流在 1 个月内出现的天数。

6.2.2 复杂雨洪条件下降雨径流计算

1. 降雨径流量模拟计算

结合河网区下垫面实际情况，采用 SCS-CN 降雨径流模型计算研究区降雨径流量。

SCS-CN 降雨产流模型如下：

$$Q = \begin{cases} 0, & P \leqslant I_a \\ \dfrac{(P - I_a)^2}{P - I_a + S}, & P > I_a \end{cases} \tag{6-5}$$

式中，Q 为地表径流量（mm/d）；P 为降雨量（mm/d）；I_a 为初始损耗因子（mm/d），包括产流前的地面填洼量、植物截留量和下渗量；S 为滞留参数（mm），与土壤、土地利用类型、管理措施和坡度有关，定义为

$$S = 25.4 \left(\frac{1000}{CN} - 10 \right) \tag{6-6}$$

式中，CN 为径流曲线数。初始损耗因子 I_a 估算为 $0.2S$，则方程变为

$$Q = \begin{cases} 0 & P \leqslant 0.2S \\ \dfrac{(P - 0.2S)^2}{P + 0.8S} & P > 0.2S \end{cases} \tag{6-7}$$

径流曲线数 CN 是土壤渗透性、土地利用类型和前期土壤水分条件的函数。美国水土保持局（SCS）根据大量监测试验，归纳了 3000 多种土壤类型的资料，按照渗透性将土壤分为 A（透水）、B（较透水）、C（较不透水）、D（接近不透水）四种。结合研究区已有研究成果，最终确定了研究区不同土地利用类型在水分条件Ⅱ（一般湿润）下的 CN 值（表 6-2）。

表 6-2　研究区不同土地利用类型的 CN 值

土地利用类型	A（透水）	B（较透水）	C（较不透水）	D（接近不透水）
商业	89	92	94	95
工业	81	88	91	93
文教	89	92	94	95
居住区	77	85	90	92
道路	98	98	98	98
绿地	39	61	74	80
水田	58	72	81	85
旱地	64	75	82	85
裸地	77	86	91	94
水面	98	98	98	98

2. 降雨径流汇流空间分配

将估算出的降雨径流量按照陆域宽度 W 汇入到周边的河流，即单位河长的汇

水面积，利用均匀分配原则，将产水量分配到周围的河道上去，具体方法如下。

如图 6-9 所示，区域面积 A1、A2 均被四周的河流包围，L1、L2、…、L7 为各河流长度，A1、A2 区域的降雨产流通过雨水管网排泄入周边河道。

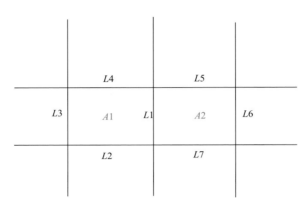

图 6-9　陆域宽度示意图

假设产流沿周围河长均匀汇流至河道：

$$W1 = \frac{A1}{L1 + L2 + L3 + L4}$$
$$W2 = \frac{A2}{L1 + L5 + L6 + L7}$$

（6-8）

所以，图中长度为 L1 的河流，其左岸陆域宽度为 W1，右岸陆域宽度为 W2，则长度为 L1 的河流接受两岸汇入的降雨径流量 q_{L1}（m³）为

$$q_{L1} = 10^{-3} \times (Q1 \times W1 \times L1 + Q2 \times W2 \times L1)$$

（6-9）

式中，Q1、Q2 分别为面积 A1、A2 上的降雨径流量（mm）；W1、W2 为两岸的陆域宽度（m²/m）；L1 为该河流的长度（m）；10^{-3} 为单位转换系数。

6.2.3　环境承载力模型参数确定

1. 目标浓度确定

根据实际情况，本书以两种方案设定目标浓度：①按照项目对控制断面 TN、TP 浓度分别降低 20% 的要求，将各河段下游断面现状浓度减少 20% 作为水质目标；②根据《江苏省地表水（环境）功能区划》确定研究区所在功能区到 2020年，水质应达到为Ⅲ类水标准，结合《地表水环境质量标准》（GB 3838—2002）确定各污染物的水质目标。

2. 水文条件计算

根据不同时期野外调研获得的水深、流速、河道剖面形状（河宽、底高、边坡比）和长度数据，依据 SCS-CN 降雨产流模型、入流系数与水量平衡原则计算出河道旁侧径流入河量，从而确定不同时期河流水位、流量、容积等关键水文条件。

3. 污染物降解系数确定

采用野外监测资料反推法计算率定。根据实际情况，选择符合研究区大多数水文、水质状况的线泾浜为试验区进行滨湖河网区的污染物降解系数率定。

在线泾浜与太湖西大道交会处（上游，图 6-1 中 7 号点）、线泾浜与建筑路交汇处（下游，图 6-1 中 7C 号点）分别布设断面，同步监测水质、流速和水位（图 6-10）。该区间河段没有排污口、支流口，符合《全国水环境容量核定技术指南》的要求。

图 6-10　污染降解系数测定样点现场

基于所测数据，根据以下公式计算污染物降解系数：

$$K = \ln\left(\frac{C1}{C2}\right)\frac{86400u}{l} \tag{6-10}$$

式中，$C1$、$C2$ 分别为河段上、下断面污染物监测浓度；l 为上下断面距离；u 为平均流速。

根据公式计算结果，结合类似河网地区的研究成果（范丽丽，2008；张慰，2015）对污染物降解系数进行校正，最终确定了在该地区的标准水温（20℃）下污染物降解系数为 $K_{\mathrm{TN}_{20}}=0.156\mathrm{d}^{-1}$、$K_{\mathrm{TP}_{20}}=0.103\mathrm{d}^{-1}$、$K_{\mathrm{CODMn}_{20}}=0.032\mathrm{d}^{-1}$ 和 $K_{\mathrm{NH_3\text{-}N}_{20}}=0.0618\mathrm{d}^{-1}$。

考虑到不同时期水温的不同对污染物降解系数的影响，需对其进行校正，得到不同月份下研究区各污染物降解系数。修正方法为

$$K_T = K_{20} \cdot 1.047^{T-20} \tag{6-11}$$

式中，K_T 为某月份温度为 T 时的 K 值（d^{-1}）；T 为水温（℃）；K_{20} 为 20℃时的 K 值（d^{-1}）。水温根据相邻试验区溧阳河道长期气温与水温建立的非线性函数计算得到（图 6-11）。

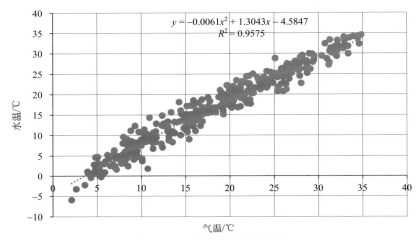

图 6-11　气温与水温函数关系

根据上述方法，确定了各月份污染物降解系数，如表 6-3 所示。

表 6-3　各月份污染物降解系数　　　　（单位：d^{-1}）

月份	TN	TP	COD$_{Mn}$	NH$_3$-N
1	0.0698	0.0464	0.0145	0.0278
2	0.0666	0.0442	0.0138	0.0265
3	0.0992	0.0658	0.0206	0.0394
4	0.1356	0.0900	0.0281	0.0539
5	0.1713	0.1137	0.0355	0.0681
6	0.1967	0.1306	0.0408	0.0782
7	0.2328	0.1545	0.0483	0.0925
8	0.2298	0.1526	0.0477	0.0913
9	0.1923	0.1277	0.0399	0.0764
10	0.1344	0.0892	0.0279	0.0534
11	0.0997	0.0662	0.0207	0.0396
12	0.0709	0.0471	0.0147	0.0282

4. 不均匀系数确定

研究区属于太湖平原河网区，根据太湖流域不均匀系数相关研究成果（孙卫红等，2001；姚国金等，2000），确定了研究区不均匀系数的取值，如表 6-4 所示。

表 6-4　不均匀系数取值范围

河宽/m	不均匀系数	河宽/m	不均匀系数
<30	0.7～0.8	200～500	0.3～0.4
30～100	0.5～0.7	500～800	0.2～0.3
100～200	0.3～0.5	>800	≤0.2

5. 边界河流环境承载力的划分

应特别注意的是流量和长度较大的梁溪河和曹王泾为研究区边界河流，需根据汇水区面积和汇流水量将承载力按比例分配到区域内和区域外。

6.3　水环境承载力时空分布

6.3.1　水环境承载力动态变化

1. TN

以现状降低 20%作为水质目标时，研究区大多数河流在夏秋季节（丰水期）环境承载力呈高峰值，冬季（枯水期）和春季（平水期）呈低值。这是因为当地属亚热带季风气候，夏秋季节降水丰沛，地表产流大量汇入周边河流，使河流流速和流量增大，增加了河流的稀释容量，从而出现承载力峰值（图 6-12）。冬春季节受干冷大陆气团控制，降雨天气少，地表径流入河量小，造成河网区流速缓慢，水量极小，减少了河流的稀释容量，从而出现承载力谷值。但梁溪河、曹王泾、丁昌桥浜、陆典河和小渲河因上游来水超标严重，且流量较大，大于自身汇水区地表径流增加带来的承载力增值，造成在夏秋季出现低值，甚至为负值。

以III类水标准作为水质目标时，水环境承载力季节变化规律与降低 20%为目标值相似，大多数河流因降雨径流的年内分布特点，环境承载力在夏秋季节为较高值，而冬春季节为较低值，呈单峰曲线。但因研究区大多数河流现状 TN 水质浓度劣于III类水，达到V类水平，使得其计算的环境承载力数值大多小于现状降低 20%环境承载力数值。

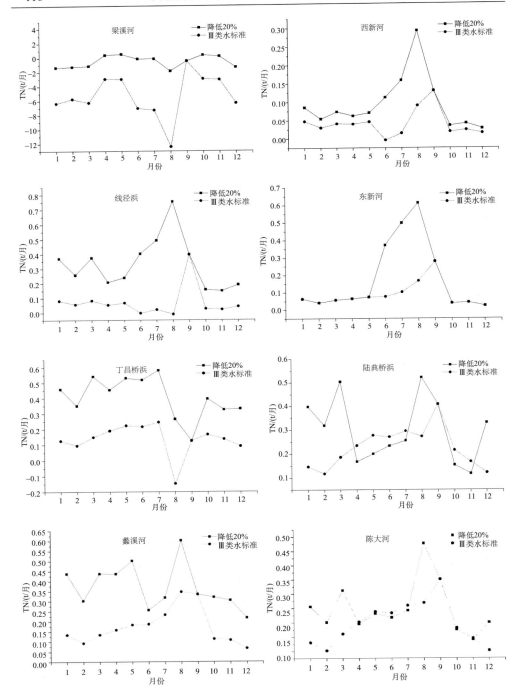

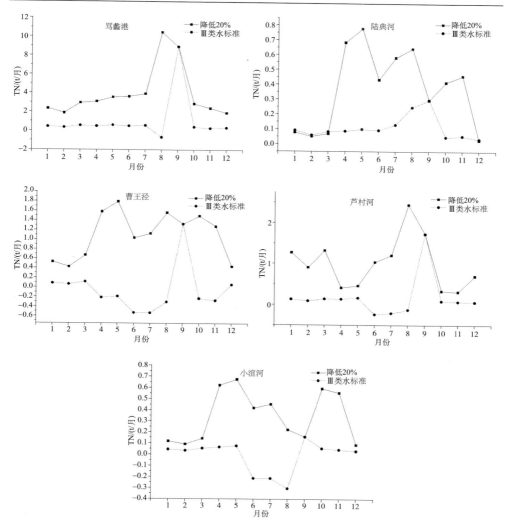

图 6-12 研究区各河道 TN 环境承载力季节变化特征

2. TP

以现状降低 20% 作为水质目标时，研究区芦村河、曹王泾、骂蠡港、东新河、线泾浜、西新河在夏秋季节（丰水期）环境承载力呈高峰值，冬季（枯水期）和春季（平水期）呈低值，为单峰曲线。夏秋季节降水丰沛，地表径流大量汇入周边河流，增加了河流的稀释容量，从而出现承载力峰值（图 6-13）。冬春季节地表径流入河量小，减少了河流的稀释容量，从而出现承载力谷值。而小渲河、陆

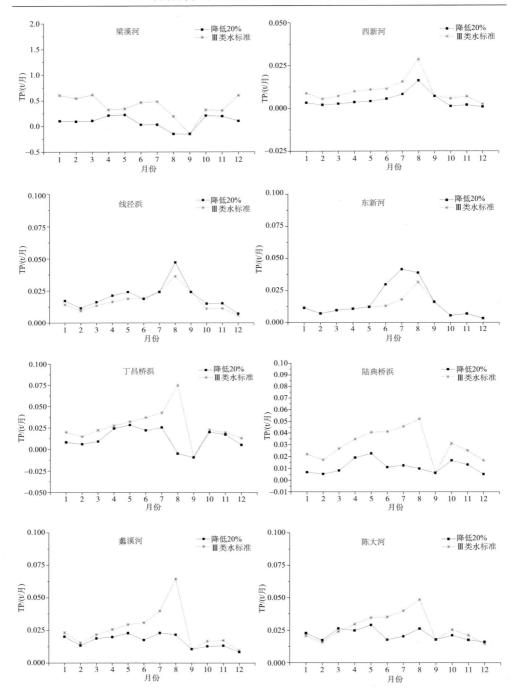

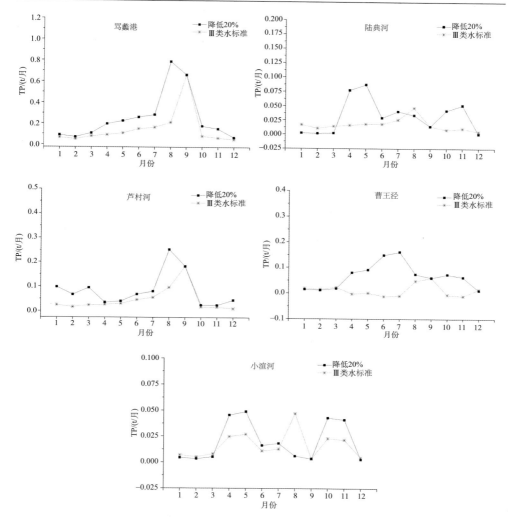

图 6-13　研究区各河道 TP 环境承载力季节变化特征

典河、丁昌桥浜、陆典桥浜因上游输入水源 TP 超标严重，且自身汇水区较小，增加的稀释容量有限，无法抵消上游水质超标带来的损耗值，造成在夏秋季出现低值，甚至为负值，而峰值出现在平水期。陈大河、蠡溪河季节变化不明显，分布相对均匀。

　　以Ⅲ类水标准作为水质目标时，各河道水环境承载力峰值大多出现在夏秋雨季，低值出现在冬春月份。梁溪河、西新河、东新河、线泾浜、骂蠡港、芦村河的季节变化趋势与现状降低 20% 作为水质目标相似，而丁昌桥浜、陆典桥浜、陆典河、陈大河、曹王泾、小渲河则不一致。

3. NH₃-N

以现状降低 20%作为水质目标时，研究区大多数河流在春季和秋季呈高峰值，而夏季丰水期却出现谷值（图 6-14）。在夏季，大多数河流上游来水与下游出水的 NH_3-N 浓度差别没有春秋季大，导致其稀释容量潜力较小，出现虽夏季地表径流量增大，但环境承载力却较低的现象。但芦村河仍表现出夏季高峰的特征，而陈大河和西新河的季节差异相对不明显。

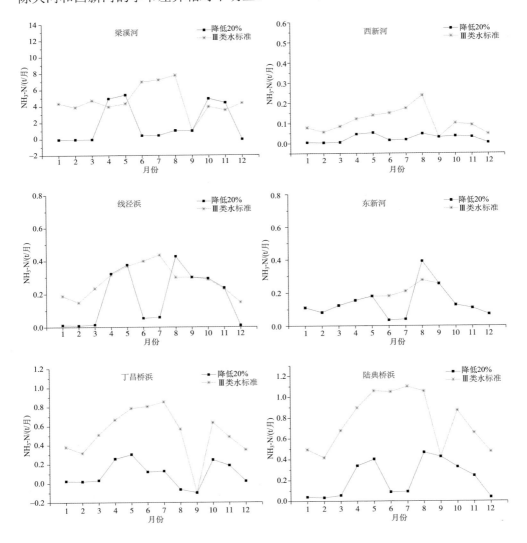

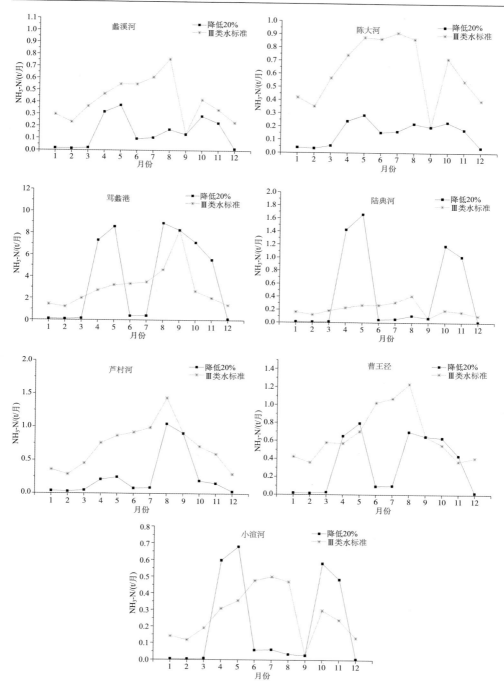

图 6-14　研究区各河道 NH₃-N 环境承载力季节变化特征

　　以Ⅲ类水标准作为水质目标时，水环境承载力季节变化规律与降低 20%为目标值极为不同，大多数河流因降雨径流的年内分布特点，环境承载力在夏秋季节为较高值，而在冬春季节为较低值，呈单峰曲线。但因研究区大多数河流现状 NH$_3$-N 水质浓度优于Ⅲ类水，使得其计算的环境承载力数值大多高于现状降低 20%环境承载力数值。

4. COD$_{Mn}$

　　以现状降低 20%作为水质目标时，研究区大多数河流在夏秋季节（丰水期）环境承载力呈高峰值，冬季（枯水期）和春季（平水期）呈低值。丁昌桥浜、芦村河、曹王泾、小渲河夏秋季却出现谷值，而陆典桥浜和陈大河季节变化不明显（图 6-15）。

　　以Ⅲ类水标准作为水质目标时，水环境承载力季节变化规律与降低 20%为目标值相似，大多数河流因降雨径流的年内分布特点，环境承载力在夏秋季节为较高值，而在冬春季节为较低值，呈单峰曲线。因研究区大多数河流现状 COD$_{Mn}$ 水质浓度优于Ⅲ类水，使得其计算的环境承载力数值大多高于现状降低 20%的环境承载力数值。

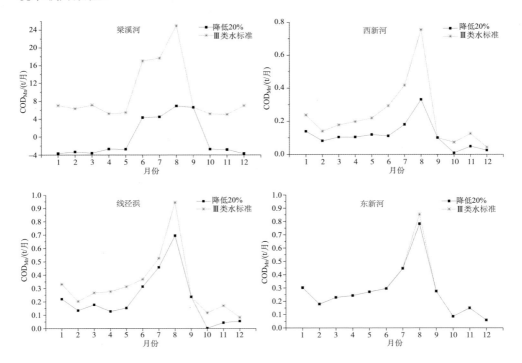

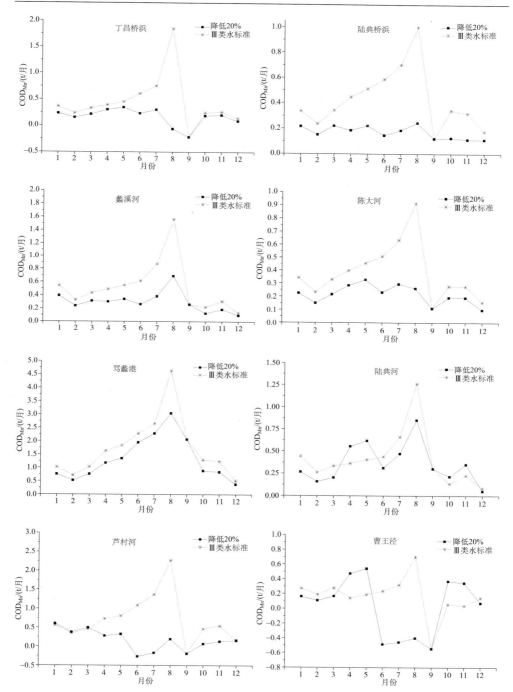

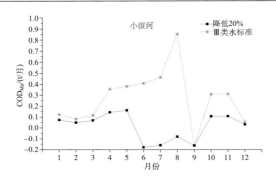

图 6-15　研究区各河道 COD_{Mn} 环境承载力季节变化特征

6.3.2　水环境承载力空间分布

根据各河道的水环境承载力计算结果汇总出研究区水环境承载力。

1. TN

以现状浓度降低 20%为水质目标，研究区各河道的 TN 环境承载力介于 –6.12～48.00t/a（图 6-16）。骂蠡港、曹王泾、芦村河由于河道较长较宽，汇水区面积大，流量大，其水环境承载力均达到 10t/a 以上，其中骂蠡港承载力最大（48.00t/a），相当于其他河流承载力之和。其他河流因流量和长度较小，承载力数

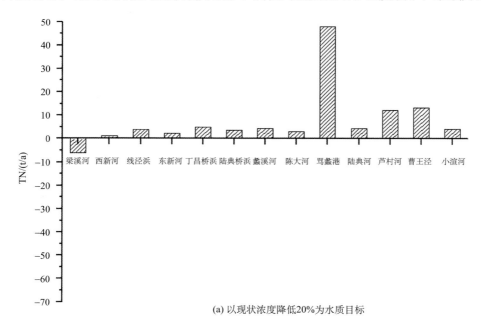

(a) 以现状浓度降低20%为水质目标

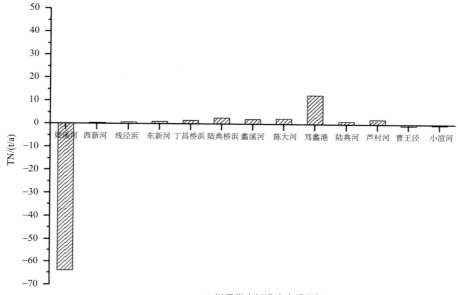

(b) 以Ⅲ类水标准为水质目标

图 6-16　研究区全年 TN 环境承载力

值不大，但除梁溪河外，均为正值。梁溪河承载力为较大的负值，即−6.12t/a。以Ⅲ类水标准作为水质目标时，研究区各河道的 TN 环境承载力介于−63.86～12.80t/a。因大多数河道 TN 浓度超标严重，劣于Ⅲ类水标准，造成环境承载力值大多远小于水质目标为现状浓度降低 20%的承载力，特别是梁溪河，上游水质超标更为严重，致使全年承载力呈现较大的负值。

2. TP

以现状浓度降低 20%为水质目标，研究区各河道的 TP 环境承载力介于 0.06～3.08t/a（图 6-17）。骂蠡港承载力超过 3t/a，梁溪河、芦村河、曹王泾也在 1t/a 左右。其余河道由于汇水区面积不大，流量和长度较小，承载力值不大。以Ⅲ类水标准作为水质目标时，研究区各河道的 TP 环境承载力介于 0.12～4.62t/a。其中，梁溪河承载力最大，骂蠡港其次。

3. NH$_3$-N

以现状浓度降低 20%为水质目标，研究区各河道的 NH$_3$-N 环境承载力介于 0.29～46.99t/a（图 6-18）。骂蠡港和梁溪河水环境承载力较大，达到 20t/a 以上。陆典河、曹王泾、芦村河水环境承载力居中，在 4t/a 左右。其他河流因流量和长

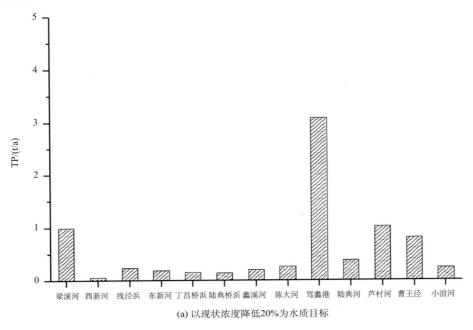

(a) 以现状浓度降低20%为水质目标

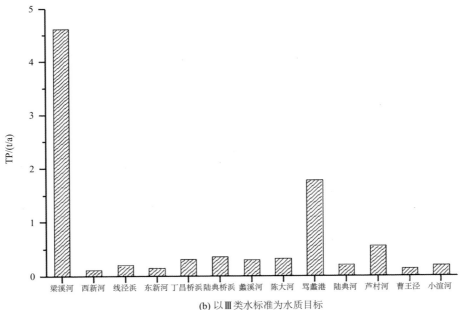

(b) 以Ⅲ类水标准为水质目标

图 6-17 研究区全年 TP 环境承载力

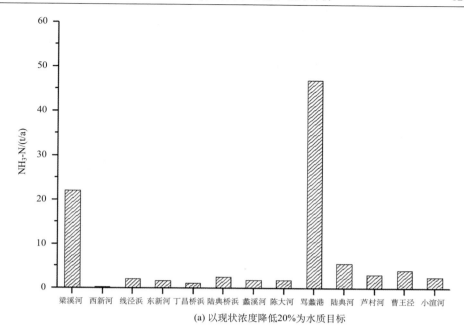

(a) 以现状浓度降低20%为水质目标

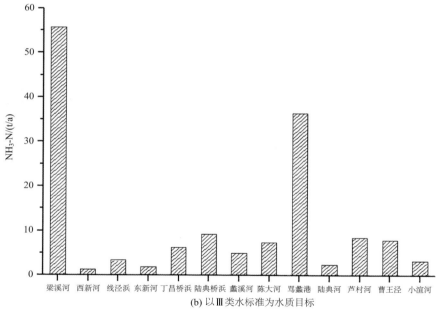

(b) 以Ⅲ类水标准为水质目标

图 6-18　研究区全年 NH$_3$-N 环境承载力

度较小，水环境承载力较小。以Ⅲ类水标准作为水质目标时，研究区各河道的 NH₃-N 环境承载力介于 1.30～55.75t/a。梁溪河和骂蠡港水环境承载力较大，达到 35t/a 以上。陆典桥浜、芦村河、曹王泾和陈大河承载力居中，达到 7t/a 以上。其他河流承载力数值较小。因大多数河道下游 NH₃-N 浓度优于Ⅲ类水标准，造成计算的环境承载力值大于水质目标为现状浓度降低 20%的承载力，特别是梁溪河增大了 33.62t/a。

4. CODMn

以现状浓度降低 20%为水质目标，研究区各河道的 CODMn 环境承载力介于 −3.03～15.98t/a（图 6-19）。骂蠡港承载力最大，超过 15t/a。陆典河、蠡溪河、东新河承载力也达到 3t/a 以上。其余河道由于汇水区面积不大，流量和长度较小，承载力值不大。以Ⅲ类水标准作为水质目标时，研究区各河道的 CODMn 环境承载力介于 2.02～114.54t/a。梁溪河和骂蠡港承载力较大，分别为 114.54t/a 和 20.89t/a。总体来看，河道环境承载力值远大于水质目标为现状浓度降低 20%的承载力，特别是梁溪河由负值转变为较大的正值。

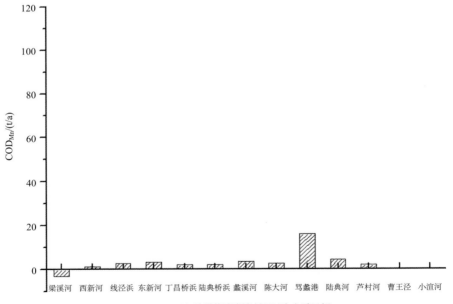

(a) 以现状浓度降低20%为水质目标

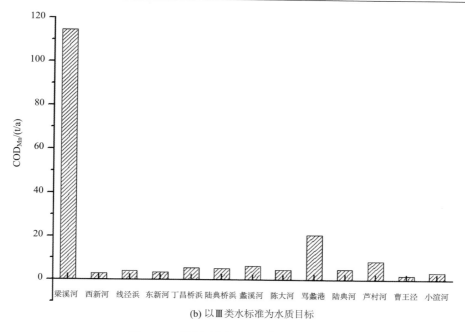

(b) 以Ⅲ类水标准为水质目标

图 6-19　研究区全年 COD_{Mn} 环境承载力

6.3.3　全年区域水环境承载力核算结果

以现状浓度降低 20%为水质目标，研究区枯水期各指标的水环境承载力：TN 为 18.19t、TP 为 1.41t、COD_{Mn} 为－4.06t、NH_3-N 为 1.44t（表 6-5）；平水期各指标的水环境承载力为：TN 为 31.73t、TP 为 2.90t、COD_{Mn} 为 3.01t、NH_3-N 为 65.47t；丰水期前期各指标的水环境承载力：TN 为 18.26t、TP 为 1.45t、COD_{Mn} 为 15.95t、

表 6-5　研究区水环境承载力核算结果（以现状浓度降低 20%为水质目标）（单位：t/a）

时段	TN	TP	COD_{Mn}	NH_3-N
枯水期（12～3 月）	18.19	1.41	－4.06	1.44
平水期（4～5 月,10～11 月）	31.73	2.90	3.01	65.47
丰水期前期（6～7 月）	18.26	1.45	15.95	3.36
丰水期后期（8～9 月）	31.07	2.01	22.44	25.58
全年	99.25	7.77	37.36	95.85

NH$_3$-N 为 3.36t；丰水期后期各指标的水环境承载力为：TN 为 31.07t、TP 为 2.01t、COD$_{Mn}$ 为 22.44t、NH$_3$-N 为 25.58t。全年总计 TN 为 99.25t/a、TP 为 7.77t/a、COD$_{Mn}$ 为 37.36t/a、NH$_3$-N 为 95.85t/a。

以Ⅲ类水标准为水质目标，研究区枯水期各指标的水环境承载力：TN 为 −19.29t、TP 为 3.22t、COD$_{Mn}$ 为 41.60t、NH$_3$-N 为 35.46t（表 6-6）；平水期各指标的水环境承载力为：TN 为 −6.62t、TP 为 2.41t、COD$_{Mn}$ 为 40.46t、NH$_3$-N 为 46.40t；丰水期前期各指标的水环境承载力为：TN 为 −12.86t、TP 为 1.82t、COD$_{Mn}$ 为 52.22t、NH$_3$-N 为 34.83t；丰水期后期各指标的水环境承载力为：TN 为 1.46t、TP 为 1.83t、COD$_{Mn}$ 为 51.53t、NH$_3$-N 为 32.11t。全年总计 TN 为 −37.31t/a、TP 为 9.28t/a、COD$_{Mn}$ 为 185.81t/a、NH$_3$-N 为 148.80t/a。

表 6-6　研究区水环境承载力核算结果（以Ⅲ类水标准为水质目标）（单位：t/a）

时段	TN	TP	COD$_{Mn}$	NH$_3$-N
枯水期 （12～3 月）	−19.29	3.22	41.60	35.46
平水期 （4～5 月,10～11 月）	−6.62	2.41	40.46	46.40
丰水期前期（6～7 月）	−12.86	1.82	52.22	34.83
丰水期后期（8～9 月）	1.46	1.83	51.53	32.11
全年	−37.31	9.28	185.81	148.80

第7章 城市面源污染削减目标分配

7.1 污染负荷削减目标核定

7.1.1 河网污染负荷削减量计算方法

根据现状实测的河道水质资料及相应的水文条件，利用水环境承载力公式推算污染物入河量：

$$W = Q_0(C_{obs} - C_0) \times 86.4 + KVC_{obs} \times 10^{-3} + qC_{obs} \times 86.4 \qquad (7-1)$$

式中，W 为入河污染物量（kg/d）；Q_0、C_0 为上游来水流量（m^3/s）与水质浓度（mg/L）；q 为旁侧降雨径流汇入河道流量（m^3/s），由降雨径流模型计算得出；C_{obs} 为水体下游的水质实测浓度（mg/L）；V 为河道水体体积（m^3）；K 为污染物综合降解系数（d^{-1}）；86.4 为单位转换系数。

根据水环境目标管理要求，当某一河段的污染物入河量超出其水环境承载力时，则表明必须对入河污染物进行削减，削减量 $W_{削}$ 为现状入河量 $W_{现}$ 与水环境承载力 W' 之间的差值，即

$$W_{削} = W_{现} - W' \qquad (7-2)$$

7.1.2 河网污染负荷削减量空间分布

各河流全年污染负荷削减量如图 7-1、图 7-2、图 7-3 和图 7-4 所示。正值表示当前污染负荷排放量大于环境承载力，负值表示环境承载力尚有盈余。根据现状降低 20%的水质目标，各河流的污染负荷均超过了水环境承载力。总体而言，梁溪河、骂蠡港、芦村河的削减量最大，占研究区污染物总削减量的 70%以上，线泾浜、小渲河、陆典河污染负荷削减量居中，其他河流削减量较小。以III类水标准为水质目标，除 TP、NH$_3$-N 和 COD$_{Mn}$ 外，所有污染物负荷均超过了相应的环境承载力。与现状浓度降低 20%目标下的空间分布结果相似，在III类水目标下，梁溪河、骂蠡港、芦村河的污染负荷削减量较大。总体来说，TN 在 20%目标下的削减负荷量小于III类水目标下的削减负荷量，而 NH$_3$-N、TP 和 COD$_{Mn}$ 大于III类水目标下的削减负荷量。

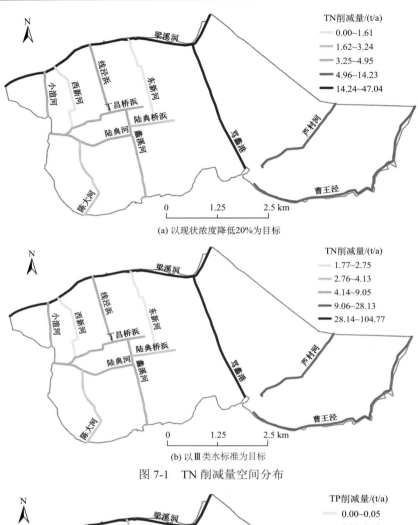

(a) 以现状浓度降低20%为目标

(b) 以Ⅲ类水标准为目标

图 7-1　TN 削减量空间分布

(a) 以现状浓度降低20%为目标

(b) 以Ⅲ类水标准为目标

图 7-2　TP 削减量空间分布

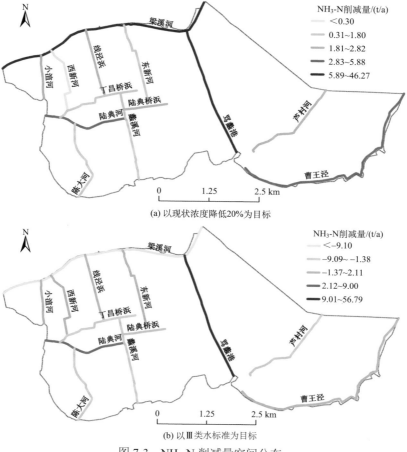

图 7-3　NH₃-N 削减量空间分布

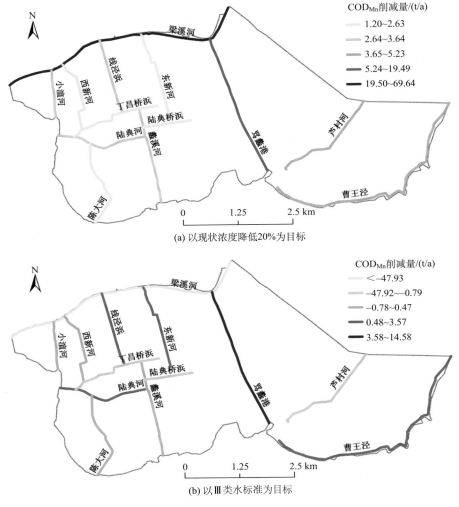

(a) 以现状浓度降低20%为目标

(b) 以Ⅲ类水标准为目标

图 7-4　COD_{Mn} 削减量空间分布

7.1.3　河网污染负荷削减量季节变化

研究区各月份污染负荷削减量如图 7-5 所示。与环境承载力的季节性变化相似，丰水期（6～9 月）TN、TP 和 COD_{Mn} 的削减量大于其他季节。例如，丰水期 TP 的削减量达到年削减总量的 52%。然而丰水期的 NH_3-N 污染负荷削减量低于其他时段。

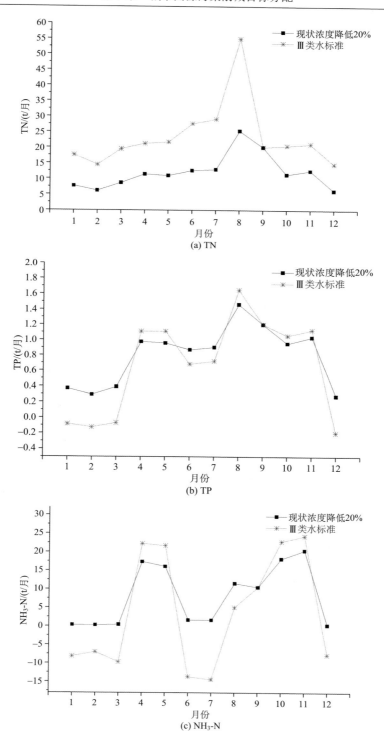

(a) TN

(b) TP

(c) NH₃-N

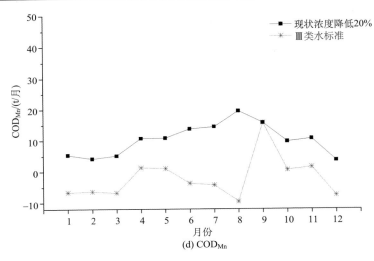

图 7-5　研究区污染负荷削减总量季节分配

7.1.4　全年河网污染负荷削减量核算结果

以现状浓度降低 20%为水质目标，TN、TP、NH₃-N 和 CODₘₙ 须分别削减 145.91t/a、9.70t/a、98.67t/a 和 123.26t/a，削减比例分别为 60%、56%、51%和 77%（表 7-1）。以Ⅲ类水标准为水质目标，TN、TP、NH₃-N 和 CODₘₙ 的污染负荷削减量分别为 282.48t/a、8.19t/a、45.72t/a、和−25.19t/a，削减比例分别为 115%、47%、24%和−16%（表 7-2）。TN 的降低率大于 100%，意味着除河流本身外，还要求源头采取措施来降低总氮污染负荷。CODₘₙ 则为环境承载力有盈余。

表 7-1　研究区河网污染负荷总削减量（以现状浓度降低 20%为水质目标）

项目	TN	TP	NH₃-N	CODₘₙ
入河量/（t/a）	245.16	17.47	194.52	160.62
承载力/（t/a）	99.25	7.77	95.85	37.36
削减量/（t/a）	145.91	9.70	98.67	123.26
削减比例/%	60	56	51	77

表 7-2　研究区河网污染负荷总削减量（以Ⅲ类水标准为水质目标）

项目	TN	TP	NH₃-N	CODₘₙ
入河量/（t/a）	245.17	17.47	194.52	160.62
承载力/（t/a）	−37.31	9.28	148.80	185.81
削减量/（t/a）	282.48	8.19	45.72	−25.19
削减比例/%	115	47	24	−16

7.1.5　河网与陆域面源污染负荷削减量核算结果

1. 河网面源污染负荷削减量目标

在入河污染负荷削减目标确定的基础上，计算入河面源污染负荷削减量，首先需要确定面源污染和污水溢流混排两种来源途径在入河污染物总量中的贡献。因此，根据污染物入河总量（表 7-3）与第 4 章采用 SWMM 城市降雨径流面源污染模型估算的面源污染物入河量，可计算出区域污水溢流混排入河量，进而确定两种途径在入河污染总量中的贡献量。

表 7-3　入河污染物来源途径构成

项目	TN	TP	NH$_3$-N	COD$_{Mn}$
入河污染总量/（t/a）	245.17	17.47	194.52	160.62
面源污染入河量/（t/a）	78.52	6.31	33.59	99.80
污水溢流混排入河量/（t/a）	166.65	11.16	160.93	60.82
面源污染占入河污染总量比例/%	32.03	36.12	17.27	62.13
污水溢流混排占入河污染物总量比例/%	67.97	63.88	82.73	37.87

考虑到本书任务集中在对面源污染控制方面，基于入河污染总量削减目标核算结果，假设后期经过污水管网改造完善后污水溢流量削减 80%，计算河网面源污染的削减量目标。

由结果可知，以现状浓度降低 20%为水质目标，河网面源污染 TN、TP、NH$_3$-N 和 COD$_{Mn}$ 入河量须分别削减 12.60t/a、0.77t/a、−30.07t/a、74.60t/a，削减比例分别为 16.05%、12.27%、−89.54%、74.75%（表 7-4）。以Ⅲ类水标准为水质目标，河网面源污染 TN、TP、NH$_3$-N 和 COD$_{Mn}$ 的入河削减量分别为 149.17t/a、−0.74t/a、−83.03t/a、−73.85t/a，削减比例分别为 189.97%、−11.68%、−247.20%、−74.00%（表7-5）。若削减量数值为负，表明环境承载力有盈余，为可增加污染负荷量。

表 7-4　入河面源污染物削减量核算结果（以现状浓度降低 20%为水质目标）

项目	TN	TP	NH$_3$-N	COD$_{Mn}$
入河污染总量削减目标/（t/a）	145.91	9.70	98.67	123.26
污水溢流混排入河削减量/（t/a）	133.31	8.93	128.74	48.66
面源污染入河削减量/（t/a）	12.60	0.77	−30.07	74.60
面源污染入河削减率/%	16.05	12.27	−89.54	74.75

表 7-5　入河面源污染物削减量核算结果（以Ⅲ类水标准为水质目标）

项目	TN	TP	NH₃-N	COD_Mn
入河污染总量削减目标/（t/a）	282.48	8.19	45.72	−25.19
污水溢流混排入河削减量/（t/a）	133.31	8.93	128.75	48.66
面源污染入河削减量/（t/a）	149.17	−0.74	−83.03	−73.85
面源污染入河削减率/%	189.97	−11.68	−247.20	−74.00

2. 陆域面源污染负荷削减量目标

基于估算出的陆域面源污染产生量和入河量确定出的入河系数（TN：0.93、TP：0.90、COD_Mn 和 NH₃-N：0.96），根据面源污染入河削减量目标反推陆域面源污染削减量目标及其削减率。

以现状浓度降低 20%为水质目标，假设后期经过污水管网改造完善后污水溢流量削减 80%，TN、TP 和 COD_Mn 陆域面源污染需削减 13.57t/a、0.86t/a、77.86t/a，削减比例达到 16.05%、12.27%、74.75%，NH₃-N 承载力剩余，污染物排放量可增加 31.39t/a，增加比例为 89.54%（表 7-6）。

表 7-6　陆域面源污染物削减量核算结果（以现状浓度降低 20%为水质目标）

项目	TN	TP	NH₃-N	COD_Mn
面源污染入河削减量/（t/a）	12.60	0.77	−30.07	74.60
陆域面源污染削减量/（t/a）	13.57	0.86	−31.39	77.86
陆域面源污染削减率/%	16.05	12.27	−89.54	74.75

以Ⅲ类水标准为水质目标，假设后期经过污水管网改造完善后污水溢流量削减 80%，TP、COD_Mn、NH₃-N 排放量可分别增加 0.82t/a、77.08t/a、86.66t/a，增加比例为 11.68%、74.00%、247.20%（表 7-7）。TN 陆域面源污染需削减 160.65t/a，

表 7-7　陆域面源污染物削减量核算结果（以Ⅲ类水标准为水质目标）

项目	TN	TP	NH₃-N	COD_Mn
面源污染入河削减量/（t/a）	149.17	−0.74	−83.03	−73.85
陆域面源污染削减量/（t/a）	13.88（假设上游来水达到Ⅲ类水）	−0.82	−86.66	−77.08
陆域面源污染削减率/%	16.41	−11.68	−247.20	−74.00

削减比例达到 189.97%，这就意味着必须结合上游水环境综合治理，降低上游污染负荷输入量，才能真正实现区域达标。为此，针对 TN，特假设上游来水均达到Ⅲ类水标准，则上游污染负荷来源较现状减少 136.28t/a，研究区陆源面源污染产生量只需削减 13.88t/a，削减比例为 16.41%。

7.2　基于多目标优化的污染负荷分配模型构建

根据公平原则对各河段允许最大负荷量进行优化分配到陆域不同区域。由于分配允许排放量本质上是确定各排污者利用环境资源的权力、确定各排污者削减污染物的义务，因此在市场经济条件下，公平原则是污染物负荷分配应遵循的首要原则。基尼系数的实质是对分布均匀度的量化分析，因此可以将其应用到其他学科与均匀度分析相关的各个方面。基于基尼系数的水污染负荷分配，就是利用基尼系数可以反映分配不公平程度的特性，评估分配方案的公平性，并作为分配方案制定与修改的依据。

7.2.1　评价指标的筛选

选取合适的评价指标是构建基尼系数模型的前提。影响水污染负荷分配的因素很多，主要涉及社会、经济、资源等多个方面。在诸多指标中，部分指标存在统计数据不全或难以统计调研等问题，为了便于该方法在今后环境管理与污染控制中的广泛应用，根据典型性、易采集、易定量化、可比较等原则，最终针对滨湖城市河网实际情况，利用环境基尼系数法，筛选地区生产总值（GDP）、人口数量（P）、土地面积（S）和水资源量（WR）这 4 项指标来评估污染物削减量分配方案的公平性。

7.2.2　指标权重计算

水污染负荷分配包含多个指标基尼系数的调整，但各指标对污染负荷分配的重要性和影响程度是不同的。因此，可采用加权求和的方式综合所有指标的基尼系数，并作为一个综合整体进行调整。为此，拟采用熵值法确定指标权重。一般来说，指标的信息熵越小，表明指标值的变异程度越大，提供的信息也越多，其权重应越大；反之，权重越小。从污染负荷分配角度，若某个指标的单位负荷污染物量的区域差异性越大，其熵权值就越大，对分配结果的影响也越大。

$$e_j = -\frac{1}{\ln n} \sum_{i=1}^{n} (p_{ij} \cdot \ln p_{ij}) \qquad (7\text{-}3)$$

$$p_{ij} = \frac{y_{ij}}{\sum_{i=1}^{n} y_{ij}} \tag{7-4}$$

$$y_{ij} = \frac{x_i}{z_{ij}} \tag{7-5}$$

式中，e_j 表示第 j 个指标单位负荷污染物量的信息熵；p_{ij} 指第 j 个指标下第 i 个区域在该指标中所占比重；y_{ij} 为第 i 个分区内第 j 个指标的单位污染负荷量；x_i 为第 i 个区域污染物的实际排放量；z_{ij} 为第 i 个区域内第 j 个指标的实际值。

$$W_j = \frac{1 - e_j}{\sum_{j=1}^{m} (1 - e_j)} \tag{7-6}$$

式中，W_j 表示第 j 个指标权重，$j=1,2,\cdots,m$；m 表示指标数量（$m=4$）。

7.2.3 基尼系数计算

$$G_j = 1 - \sum_{i=1}^{m} (X_{j(i)} - X_{j(i-1)})(Y_{j(i)} + Y_{j(i-1)}) \tag{7-7}$$

$$X_{j(i)} = X_{j(i-1)} + \frac{M_{j(i)}}{\sum_{i=1}^{m} M_{j(i)}} \tag{7-8}$$

$$Y_{j(i)} = Y_{j(i-1)} + \frac{P_i}{\sum_{i=1}^{m} P_i} \tag{7-9}$$

式中，j 为 GDP、人口、土地面积和水资源量 4 个指标编号；i 为待分区域编号，$i=1,2,\cdots,m$；G_j 为基于指标 j 的基尼系数；$X_{j(i)}$ 为第 i 个区域指标 j 的累积比例（%）；$Y_{j(i)}$ 为第 i 个区域污染物削减分配量的累积比例（%）；$M_{j(i)}$ 为第 i 个区域指标 j 的数值；P_i 为第 i 个区域污染物分配的排放量。

7.2.4 基于基尼系数的分配模型构建

以各指标对应的基尼系数总和最小为目标函数，待分区域水污染负荷分配量为决策变量，在水污染物总量削减目标、各指标现状基尼系数和各区域削减可行上下限的约束条件下进行优化求解，确定最终的最优分配方案。

1. 目标函数

为实现分配方案的最优化，需尽可能减小基尼系数。对所有指标（GDP、人口、土地面积和水资源量四个指标）的基尼系数算术求和，并以总和 F 最小作为目标函数。

$$\min F = \sum_{j=1}^{4} W_j G_j \tag{7-10}$$

2. 约束条件

（1）公平性约束：为确保优化后的基尼系数 G_j 不会比现状值 $G_{0(j)}$ 更大，即分配结果的公平性不会变差，应满足 $G_j \leqslant G_{0(j)}$。

（2）削减率约束：在总量控制目标下，每个分区都需承担一定的削减任务，为了确保目标的实现，必须给每个分区设置一定的最低削减率；考虑到各分区承受能力有一定限度，分摊削减量过大可能无力完成，所以还需设置一定的削减率上限。

（3）总量控制约束：由总量控制目标决定允许排污总量或削减总量，则有等式约束 $\sum_{i=1}^{m} P_i = (1-q)\sum_{i=1}^{m} P_{0(i)}$，这里 q 为目标总量的削减率。

依上所述，建立基于基尼系数的水污染负荷分配模糊优化决策模型，即

$$\begin{cases} \sum_{i=1}^{m} P_i = (1-q)\sum_{i=1}^{m} P_{0(i)} & \text{总量控制约束} \\ G_j \leqslant G_{0(j)} & \text{现状基尼系数约束} \\ q_{i0} \leqslant \dfrac{P_{0(i)} - P_i}{P_{0(i)}} \leqslant q_{i1} & \text{基于现状的削减比例约束} \end{cases} \tag{7-11}$$

式中，$P_{0(i)}$ 为第 i 个区域污染物排放现状值；q 为目标总量的削减率；$G_{0(j)}$ 为 j 指标对应基尼系数的现状值；q_{i0}、q_{i1} 分别为第 i 个区污染物削减比例的可行上下限。

7.3　城市河网与陆域面源污染负荷优化分配

7.3.1　研究区面源排污现状公平性分析

通过查阅《2018 年滨湖区国民经济和社会发展统计公报》《2018 年无锡市统计年鉴》《无锡市滨湖区土地利用总体规划（2006—2020 年）》，基于降雨径流模

拟及污染物输出结果统计、土地利用类型分布图地理分析，采用现场调研社区、街道办事处、群众深度访谈等方式，得到研究区经济社会效益、人口、水资源量和土地面积等数据（表 7-8）。商业、工业、文教、水田、在建区经济社会效益来源于各自 GDP 数据。居住区、道路、绿地根据其社会生态服务效益进行评价。水资源量来源于各土地利用类型的降雨-径流量估算值。人口数量由其居住、就业或服务人口决定。

表 7-8　研究区不同土地利用类型各项指标值比例　　（单位：%）

序号	土地利用类型	GDP	人口	水资源量	土地面积	TN 排放量	TP 排放量	COD$_{Mn}$排放量	NH$_3$-N排放量
1	商业	19.41	6.39	3.08	2.67	4.46	5.63	2.97	3.62
2	工业	23.92	8.36	18.81	17.39	25.43	23.81	16.89	10.07
3	文教	3.42	4.15	5.85	5.56	8.55	4.68	2.21	13.45
4	居住区	46.82	26.94	47.29	44.91	16.79	9.41	36.45	30.94
5	道路	4.50	26.94	10.92	9.46	21.80	38.50	7.18	13.32
6	绿地	0.01	26.94	0.87	4.03	0.96	2.53	0.24	1.27
7	水田	0.07	0.27	8.88	11.40	14.62	6.40	26.65	19.11
8	在建区	1.85	0.00	4.31	4.59	7.39	9.04	7.42	8.22

首先分别计算单位指标 TN、TP、COD$_{Mn}$、NH$_3$-N 负荷量，并按递增顺序对 8 个土地利用类型进行排序，绘制基于各指标的洛伦兹曲线。在此，仅以 TN 为例，展示 TN 现状排放公平性分析过程（图 7-6～图 7-9）。

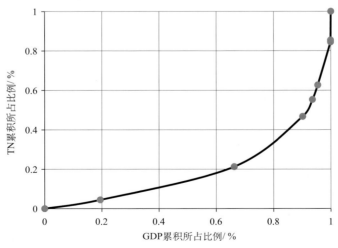

图 7-6　各区域生产总值-TN 现状排放量洛伦兹曲线

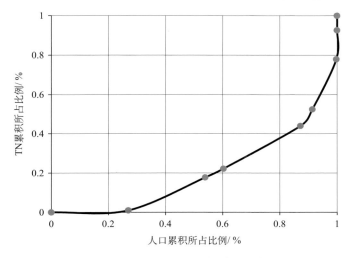

图 7-7 各区域人口- TN 现状排放量洛伦兹曲线

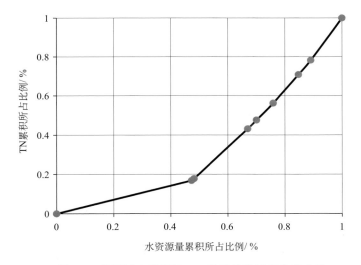

图 7-8 各区域水资源量-TN 现状排放量洛伦兹曲线

依据洛伦兹曲线，采用梯形面积法计算出各指标的现状基尼系数 $G_{0\,\varphi}$，结果见表 7-9。

表 7-9 说明，对于 TN、TP 和 NH$_3$-N 污染负荷，GDP 和人口的现状基尼系数较高，超过了 0.5。这表明在 GDP 和人口两个指标上，区域 TN、TP 和 NH$_3$-N 排放量很不均衡。以 TN 排放量为例，道路和绿地经济生态效益仅占区域生产总值总额的 4.5% 和 0.07%，但 TN 的排放量却达到区域总额的 21.8% 和 14.6%。水田、工业的从业人口只占区域总人口的 0.27% 和 8.36%，但 TN 的排放量却达到区域总

额的 14.62%和 25.43%。这意味着道路和绿地以较低的经济社会效益、人口数量对应最多的污染物排放量。显然，不同土地利用类型之间单位 GDP 和人口负荷的 TN 污染物量严重失衡，从而造成基于 GDP 和人口的基尼系数偏大。

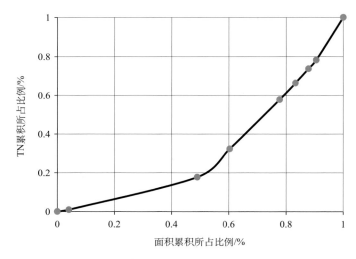

图 7-9   各区域面积-TN 现状排放量洛伦兹曲线

表 7-9   各指标的现状基尼系数

指标	GDP	人口	水资源量	土地面积
TN	0.5842	0.5893	0.3428	0.3593
TP	0.6674	0.5689	0.5273	0.5395
COD_{Mn}	0.4662	0.6913	0.2631	0.2512
NH_3-N	0.5588	0.6016	0.2905	0.2775

7.3.2   优化分配结果

根据 7.1 节计算的区域污染负荷削减总量，在假设污水溢流能控制削减 80% 的前提下，以现状浓度降低 20%为水质目标，TN、TP 和 COD_{Mn} 面源污染需削减 13.57t/a、0.86t/a、77.86t/a，削减比例达到 16.05%、12.27%、74.75%，NH_3-N 承载力剩余 31.39t/a，排放量可增加比例为 89.54%。考虑到各土地利用类型社会经济水平和实际承受能力，同时也为确保削减目标的实现，将各土地利用类型对 TN 和 TP 削减率要求控制在 5%～40%之内，COD_{Mn} 削减率控制在 5%～90%之内，NH_3-N 增加幅度控制在 5%～100%之内。

　　按照基于基尼系数的多目标优化分配模型，应用 LINGO 程序编程进行求解，得到 GDP、人口、水资源量和土地面积的加权求和基尼系数最小且 4 个指标的基尼系数都小于现状的情况下，8 个土地利用类型最终的 TN、TP、COD$_{Mn}$ 和 NH$_3$-N 分配排放量和削减量见表 7-10 和表 7-11。在可行性、逐步调整的原则下，该方案能满足相对公平的分配原则，四项指标的基尼系数优化前后对比结果见表 7-12。

表 7-10　各土地利用类型的 TN 和 TP 削减方案（以现状浓度降低 20% 为水质目标）

序号	土地利用类型	TN				TP			
		现状排放量/（t/a）	分配排放量/（t/a）	削减量/（t/a）	削减比例/%	现状排放量/（t/a）	分配排放量/（t/a）	削减量/（t/a）	削减比例/%
1	商业	3.77	3.58	0.19	5.04	0.40	0.38	0.02	5.00
2	工业	21.50	20.43	1.07	4.98	1.67	1.59	0.08	4.79
3	文教	7.23	6.87	0.36	4.98	0.33	0.31	0.02	6.06
4	居住区	14.20	13.49	0.71	5.00	0.66	0.63	0.03	4.55
5	道路	18.44	11.06	7.38	40.02	2.71	2.28	0.43	15.87
6	绿地	0.81	0.78	0.03	3.70	0.17	0.17	0.01	5.88
7	水田	12.37	11.04	1.33	10.75	0.45	0.43	0.02	4.44
8	在建区	6.25	3.75	2.50	40.00	0.64	0.38	0.26	40.63
	合计	84.57	71.00	13.57	16.05	7.03	6.17	0.86	12.23

表 7-11　各土地利用类型的 COD$_{Mn}$ 和 NH$_3$-N 削减方案（以现状浓度降低 20% 为水质目标）

序号	土地利用类型	COD$_{Mn}$				NH$_3$-N			
		现状排放量/（t/a）	分配排放量/（t/a）	削减量/（t/a）	削减比例/%	现状排放量/（t/a）	分配排放量/（t/a）	增加量/（t/a）	增加比例/%
1	商业	3.09	2.94	0.15	4.85	1.27	2.53	1.26	99.21
2	工业	17.59	1.79	15.80	89.82	3.53	7.06	3.53	100.00
3	文教	2.30	0.23	2.07	90.00	4.71	9.43	4.72	100.00
4	居住区	37.96	14.01	23.95	63.09	10.85	21.70	10.85	100.00
5	道路	7.48	0.75	6.73	89.97	4.67	9.34	4.67	100.00
6	绿地	0.25	0.24	0.01	4.00	0.45	0.89	0.44	97.78
7	水田	27.76	2.78	24.98	89.99	6.70	9.73	3.03	45.22
8	在建区	7.73	3.57	4.16	53.82	2.88	5.76	2.88	100.00
	合计	104.16	26.31	77.85	74.74	35.06	66.44	31.39	89.53

表 7-12　基于各指标的基尼系数变化（以现状浓度降低 20% 为水质目标）

指标	TN			TP			COD$_{Mn}$			NH$_3$-N		
	现状值	优化值	变化幅度/%	现状值	优化值	变化幅度/%	现状值	优化值	变化幅度/%	现状值	优化值	变化幅度/%
GDP	0.5842	0.5370	8.08	0.6674	0.6460	3.21	0.4662	0.4253	8.77	0.5588	0.5345	4.35
人口	0.5893	0.5433	7.81	0.5689	0.5539	2.64	0.6913	0.6767	2.11	0.6016	0.5797	3.64
水资源量	0.3428	0.3051	11.00	0.5273	0.5047	4.29	0.2631	0.2482	5.66	0.2905	0.2654	8.64
土地面积	0.3593	0.3172	11.72	0.5395	0.5184	3.91	0.2512	0.2241	10.79	0.2775	0.2603	6.20

　　基于水污染负荷削减分配优化结果，以现状浓度降低 20% 为水质目标，各土地利用类型的年 TN 削减量在 0.03～7.38t 之间，削减比例在 3.70%～40.02% 之间。道路和在建区削减量较大，年削减量分别为 7.38t、2.50t，削减比例均达到 40%，其削减量分别占区域总削减的 54.33%、18.43%。由于道路和在建单位指标的 TN 污染负荷量较大，需分配较多的削减份额，可使基尼系数明显降低。水田的削减量也较大，年削减量为 1.33t，削减比例达到 10% 以上。商业、工业、文教、居住区和绿地的削减量较小，削减比例均为 5% 左右。优化后，TN 各指标的基尼系数均有所下降，降低幅度为 8.08%～11.72%。GDP 和人口的基尼系数仍未减小至合理范围，但主要是由总削减比例（16.05%）和削减比例上限（40%）、下限（5%）的局限性所致，符合研究区的治污水平和能力，能够满足阶段性目标的要求，分配方案基本可行。

　　各土地利用类型的 TP 年削减量在 0.01～0.43t 之间，削减比例在 4.44%～40.63% 之间。道路和在建区 TP 排放量较大，其年削减量也较大，分别为 0.43t 和 0.26t，年削减量分别占区域总削减量的 49.15%、29.47%，成为削减的重点区域。工业年削减量达到 0.08t，占区域总削减量的 9.70%。其他类型土地利用占削减总量的比例均低于 10%。优化后，TP 各指标的基尼系数均有所下降，降低幅度为 2.64%～4.29%。

　　各土地利用类型的 COD$_{Mn}$ 年削减量在 0.01～24.98t 之间，削减比例在 4%～90% 之间。水田、居住区和工业年削减量较大，削减量达到 24.98t、23.95t 和 15.80t，占区域削减总量的 32.08%、30.76% 和 20.29%。优化后，COD$_{Mn}$ 各指标的基尼系数均有所下降，降低幅度为 2.11%～10.79%。

　　各土地利用类型的 NH$_3$-N 年可增加量在 0.45～10.85t 之间，增加比例在 45.22%～100% 之间。居住区、文教和道路年可增加量较大，数值分别为 10.85t、4.71t 和 4.67t，占区域总可增加量的比例为 34.56%、15.02% 和 14.88%。其他土地利用类型的可增加量较少，工业用地的可增加量也较大，占区域可增加量的11.25%。优化后，NH_3-N 各指标的基尼系数均有所下降，降低幅度为 3.64%～8.64%。

各指标基尼系数优化后均有一定程度的减小，但 GDP 和人口的基尼系数大多仍在 0.5 以上，仍处于警戒水平。这是因为一方面，负荷优化分配模型以综合基尼系数最小、全局最优为目标，并不要求以单个指标基尼系数最小为目标。由于优化分配是以研究区现状为基础的，而现状污染负荷排放量是客观的、不平衡的，特别是相对于 GDP 和人口这两个指标。这些历史现状是不能忽略的，也须在优化分配方案中体现出来。另一方面，削减总量大小和各区域削减率可行上下限也会限制基尼系数的减小幅度。因为合理的削减方案是在考虑到研究区排污实际和削减承受能力与技术的基础上才制定出来的，控污减排工作是渐进性的长期工作，不可一蹴而就，其公平性也需要逐步调整优化。

7.3.3　削减强度空间分布

1. 以现状浓度降低 20%为水质目标

如图 7-10 所示，以现状浓度降低 20%为水质目标，TN 年削减强度在0.000041～0.003204kg/m² 之间，强度较大的地区分布在各大交通主干道和研究区西南部的水田，分别为 0.003204kg/m²、0.000476kg/m²。TP 年削减强度介于0.000003～0.000227kg/m² 之间，交通主干道和骂蠡港沿线的在建区削减强度较大，达到 0.000184kg/m²、0.000227kg/m²。COD_{Mn} 年削减强度介于 0.000013～0.009004kg/m² 之间，强度较大的地区为西南部水田、在建区和东南部的工业用地，分别为 0.009004kg/m²、0.003723kg/m² 和 0.003735kg/m²。NH_3-N 年增加强度范围在–0.005900～0.003486kg/m² 之间，强度较大的地区分布在中部的文教用地、在建区和各大交通主干道，分别为 0.003486kg/m²、0.002577kg/m² 和0.002029kg/m²。

2. 以Ⅲ类水标准为水质目标

如图 7-11 所示，以Ⅲ类水标准为水质目标，TN 年削减强度在 0.000041～0.002237kg/m² 之间，强度较大的地区分布在在建区、文教用地和研究区西南部的水田，分别为 0.002237kg/m²、0.002138kg/m²、0.001783kg/m²。TP 年可增加强度介于–0.000230～0.000147kg/m² 之间，交通主干道、商业和东南部工业区增加强度较大，达到 0.000147kg/m²、0.000122kg/m²、0.000079kg/m²。COD_{Mn} 年可增

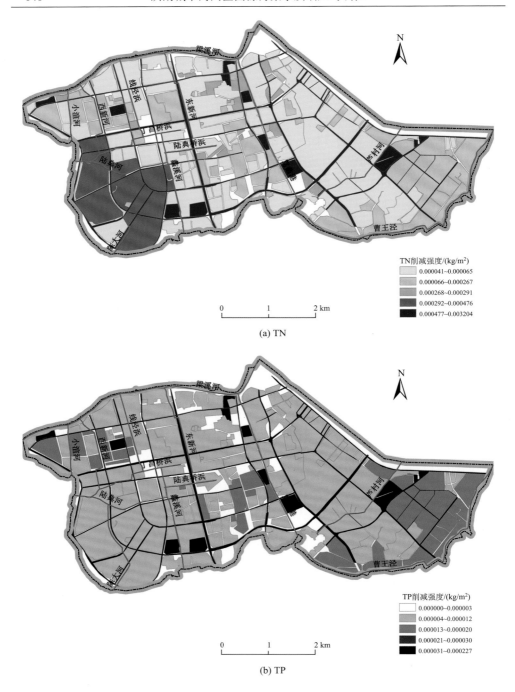

(a) TN

(b) TP

(c) COD$_{Mn}$

(d) NH$_3$-N

图 7-10　污染物削减强度空间分布（以现状浓度降低 20%为水质目标）

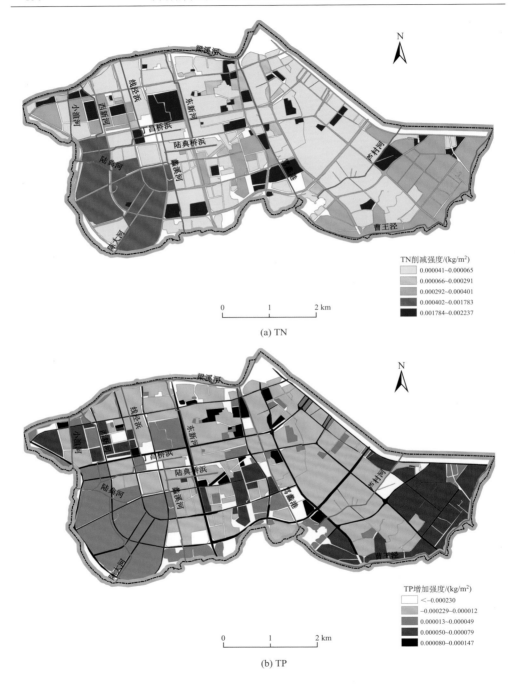

(a) TN

(b) TP

图 7-11　污染物削减/增加强度空间分布（以Ⅲ类水标准为水质目标）

加强度介于 $0.000243 \sim 0.006916 \mathrm{kg/m}^2$ 之间，强度较大的地区为在建区、商业、东南部工业区，分别为 $0.006916 \mathrm{kg/m}^2$、$0.004766 \mathrm{kg/m}^2$、$0.004158 \mathrm{kg/m}^2$。$NH_3\text{-}N$ 年增加强度在 $0.000572 \sim 0.010459 \mathrm{kg/m}^2$ 之间，强度较大的地区分布在中部的文教用地、在建区和各大交通主干道，分别为 $0.010459 \mathrm{kg/m}^2$、$0.007730 \mathrm{kg/m}^2$ 和 $0.006088 \mathrm{kg/m}^2$。

第8章 城市面源污染综合调控技术

8.1 野外勘查与面源监测

8.1.1 河网野外勘查

2018年2月开展了滨湖临城河网河道与断头浜实地调研。针对研究区域面源污染产生的特点，调查了研究区域的绿化用地、道路及停车场、建筑物（商业区、住宅区）及建设用荒地等用地类型（图8-1）。选取绿化用地（M1、M2）、城市道路（M3、M4）、裸露土地（M5、M6）三种典型下垫面及典型断头浜（M7、M8）进行研究（图8-2）。

图8-1 滨湖临城河网河道水质勘查

图 8-2　断头浜和下垫面监测点位分布图

　　2018 年 11 月开展了无锡市滨湖区断头浜的实地调研和采样分析，选取了三个典型断头浜进行水质监测，对断头浜及其外接河道的水质现状进行分析（图 8-3 和图 8-4）。水质标准参照《地表水环境质量标准》（GB 3838—2002）。由图 8-5 和图 8-6 可以看出，断头浜水质呈劣 V 类，主控水质指标为 TN、TP，河网水质改善中面源污染调控的主要指标为 TN 和 TP。

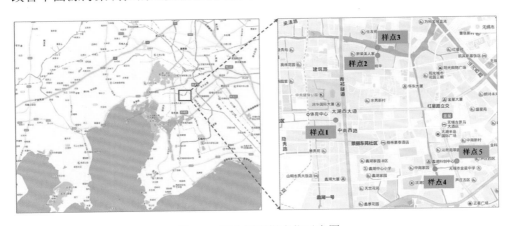

图 8-3　断头浜采样点位示意图

图 8-4　水质采样监测现场图

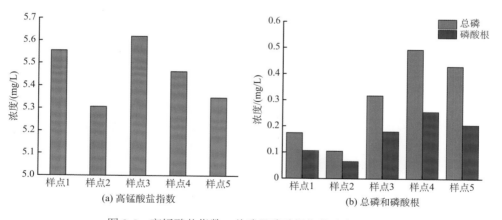

(a) 高锰酸盐指数

(b) 总磷和磷酸根

图 8-5　高锰酸盐指数、总磷及磷酸根指数浓度分布图

8.1.2　城市降雨径流污染监测

基于水质监测数据，2018 年 5 月开展降雨期的面源污染径流监测，通过测定大雨（降雨量大于 25mm）、中雨（降雨量为 10~25mm）、小雨（降雨量小于 10mm）

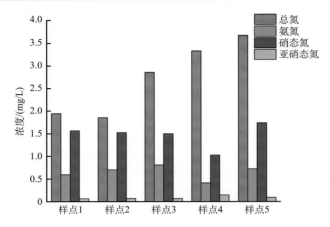

图 8-6　总氮、氨氮、硝态氮及亚硝态氮指数浓度分布图

3 次完整降雨过程中下垫面对氮磷污染物的截留效果，计算不同汇水区中城市道路（图 8-7）、裸露用地及屋顶径流（图 8-8）、绿化用地（图 8-9）各个类型下垫面的面积比例，建立汇水单元水质、入河面源污染负荷通量与下垫面面积比例之间的响应关系，量化分析不同下垫面建设类型对面源污染的截留效果及作用机制。

1. 城市道路径流监测

图 8-7 为城市道路监测点降雨径流监测现场图片。

图 8-7　城市道路监测点降雨径流监测现场图片

2. 裸露用地及屋顶径流监测

图 8-8 为裸露用地及屋顶监测点降雨径流监测现场图片。

图 8-8　裸露用地及屋顶监测点降雨径流监测现场图片

3. 绿化用地径流监测

图 8-9 为绿化用地监测点降雨径流监测现场图片。

图 8-9　绿化用地监测点降雨径流监测现场图片

4. 植草沟径流水质监测

在植草沟进、出水口处分别设置采样点（图 8-10），待产生径流后，用 250mL 采样瓶进行水样采集。采样间隔前期进行加密监测，后期监测时间间隔适当增大。降雨初期每 3～10min 采样一次，其后根据降雨情况间隔 20～40min 采样一次，直至产流结束。

图 8-10　植草沟观测场地图片

8.2　不同下垫面类型对面源污染阻隔效果分析

8.2.1　不同强度下降雨径流过程监测

1. 大雨情景（降雨量大于 25mm）

大雨产生径流期间，路面降雨监测共进行了 320min，如图 8-11 所示。分析结果显示，随着降雨冲刷过程的进行，重要水质指标浓度整体呈现下降趋势。其中 DO 变化范围为 3.5～7.5mg/L；COD_{Mn} 浓度先增大，在 60min 达到最大值 140mg/L，后逐渐减小，160min 减小到 20mg/L 之后趋于稳定；TN、NH_4^+、NO_2^-、NO_3^- 都逐渐减小，在 220min 达到最小值，之后趋于稳定；TP 和 PO_4^{3-}-P 有着相同的变化规律，先逐渐减小，80min 之后趋于稳定，250min 时出现上升的趋势，之后又趋于稳定；电导率、浊度都是减小的趋势，160min 之后趋于稳定。

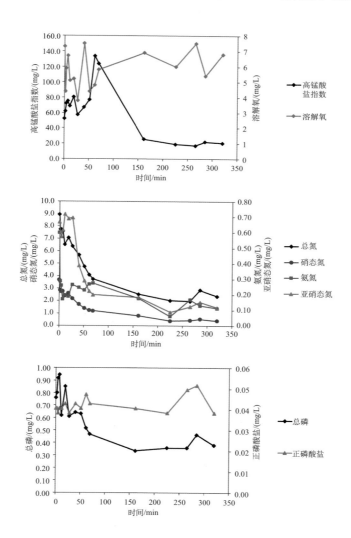

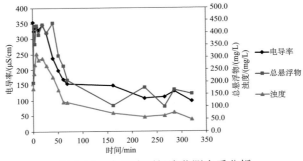

图 8-11　大雨路面径流监测水质分析

屋顶径流监测 121min，如图 8-12 所示。随着降雨冲刷过程的进行，重要水质指标 COD_{Mn}、TP、TN、NO_2^-、NO_3^-、电导率、浊度、TSS 等整体上都呈现下降趋势。DO 先稍有减小，60min 回复到原来的水平，并趋于稳定；COD_{Mn} 浓度先增大，在 30min 达到最大值 22mg/L，后逐渐减小，120min 已经减小到 2.0mg/L；TN、NO_2^-、NO_3^- 都逐渐减小，到 100min 之后，基本趋于稳定，NH_4^+ 的值一直较为稳定，且稍有增加；TP 初期迅速升高，在 10min 达到最大值 1.8mg/L，之后迅速减小，在 20min 时达到约 0.3mg/L，之后趋于稳定；PO_4^{3-}-P 较为稳定，在 0.03～0.05 之间波动，没有明显的变化趋势；TSS 先增大，在 10min 达到最大值 45mg/L，之后逐渐减小并趋于稳定；电导率和浊度在 20min 之后处于减小状态，60min 之后变化趋势变小。

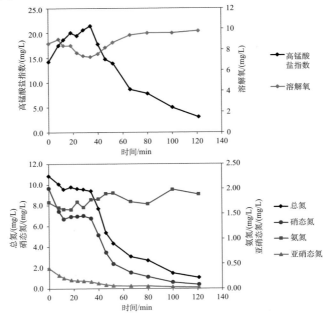

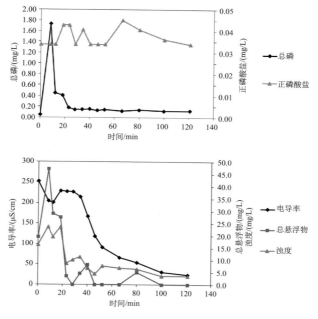

图 8-12　大雨屋顶径流监测水质分析

　　草地径流监测 300min，如图 8-13 所示。随着降雨冲刷过程的进行，重要水质指标 COD_{Mn}、TN、NH_4^+、NO_2^-、NO_3^-、电导率等都呈现下降趋势。DO 呈现增加的趋势，在 200min 甚至达到了 9.5mg/L；COD_{Mn} 先上升，在 20min 达到最大值 12mg/L，之后一直减小；TN、NH_4^+ 开始有短暂的上升，之后一直减小；NO_2^-、NO_3^- 一直处于减小的状态；TP、PO_4^{3-}-P 的变化规律具有相似性，前期有平缓的上升趋势，200min 之后开始减小；电导率一直处于缓慢减小状态；TSS 和浊度的变化规律类似，先减小，在 90min 开始增大，150min 之后又出现转折，开始下降。

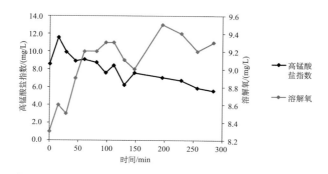

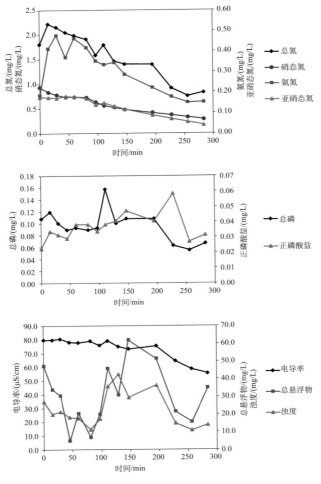

图 8-13　大雨草地径流监测水质分析

2. 中雨情景（降雨量为 10~25mm）

在中雨产生径流期间，路面降雨监测共进行了 45min。分析结果显示，随着降雨冲刷过程的进行，路面径流水样的重要水质指标 COD_{Mn}、TP、TN、NH_4^+、NO_2^-、NO_3^-、电导率、浊度、TSS 等都呈现下降趋势（图 8-14）。抽滤烘干后的 TSS 总悬浮物表征如图 8-15（a）所示，有明显变浅趋势。DO 随高锰酸盐指数升高而总趋势上升；PO_4^{3-} 作为水溶性磷酸盐随着冲刷过程的进行浓度升高，是正常的富集现象。

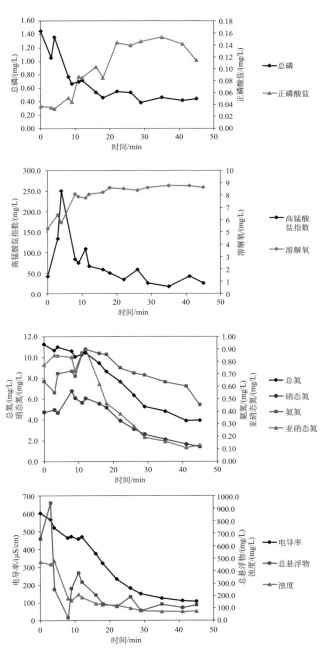

图 8-14　中雨路面径流监测水质分析

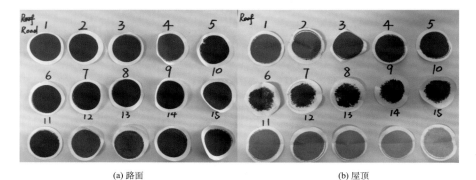

(a) 路面　　　　　　　　　　　　(b) 屋顶

图 8-15　总悬浮物 TSS 表征

屋顶降雨监测共进行了 38min，随着降雨冲刷过程的进行，屋顶径流水样的重要水质指标 COD_{Mn}、TP、PO_4^{3-}-P、TN、NH_4^+、NO_2^-、NO_3^-、电导率、浊度、TSS 等都呈现下降趋势（图 8-16）。抽滤烘干后的 TSS 总悬浮物表征如图 8-15（b）所示，也呈现明显的变浅趋势。因为 17mm 的降雨量冲刷未能在绿地产生径流，故绿地水样水质指标浓度未检出。

河道上下游径流监测共进行了 210min，水质指标 COD_{Mn}、TP、TN 及电导率下游均高于上游，体现了降雨径流对河道产生面源污染负荷的特性，但随着径流时间变化相对平缓，尤其河道电导率一直保持一定高的水平，达 650μS/cm，降雨径流产生的面源污染对河道污染通量负荷变化的影响较小。结合现场观测到河道臭味，降雨过程中有可能伴随点源污染的排放。

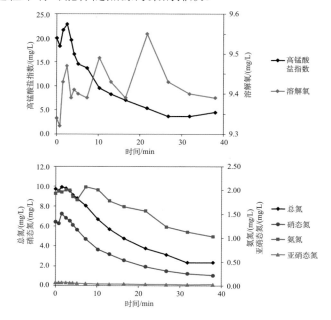

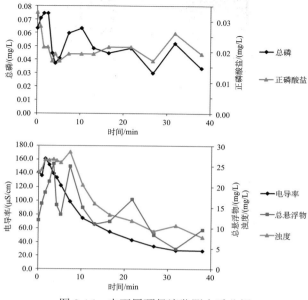

图 8-16　中雨屋顶径流监测水质分析

3. 小雨情景（降雨量小于 10mm）

小雨产生径流期间，路面径流共监测了 143min。分析结果显示，随着降雨冲刷过程的进行，路面径流水样的重要水质指标 COD_{Mn}、TP、NH_4^+、NO_2^-、TN、NO_3^-、电导率、浊度、TSS 等都呈现了下降趋势（图 8-17）。DO 一开始值较小，在 4min 时达到最小值 2.7mg/L，之后逐渐上升恢复，直到观测结束时达到 7.0mg/L 左右；COD_{Mn} 除了个别点外，一直处于减小状态，从 84mg/L 一直下降到 10mg/L，且路面 COD_{Mn} 降雨前期下降迅速，后期下降较为缓慢；TN、NO_3^- 浓度变化规律与 COD_{Mn} 类似，但是其下降趋势较为平缓；TP、NO_2^-、NH_4^+ 总体呈现减小趋势，但部分时刻其浓度突然增加，这可能是由污染物不均匀累积所致；TSS 总体先减小，在 100min 时又出现一个小的峰值，并随后再次减小。采集路面降雨径流时，此

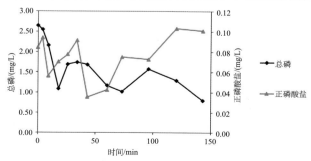

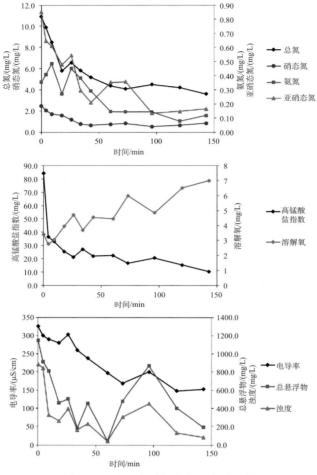

图 8-17　小雨路面径流监测水质分析

时段雨强增大，此峰值的出现与雨强有关。浊度、电导率变化规律和 TSS 较为类似。

屋顶径流同样监测了 143min，随着降雨冲刷过程的进行，部分水质指标如 COD_{Mn}、电导率、浊度、TSS 等都呈现下降趋势，TP、PO_4^{3-}-P、TN、NH_4^+、NO_2^-、NO_3^- 变化趋势不明显（图 8-18）。DO 在降雨径流监测前 40min 总体较低，为 3～4mg/L，在降雨径流 40min 后，呈现升高趋势，并且很快达到 7～8mg/L 的水平；COD_{Mn} 的变化趋势与 DO 正好相反，在降雨径流前期较大，之后变小，在 50min 时基本趋于稳定，约为 9mg/L；与路面氮磷水质指标对比可以发现，整体而言，屋顶氮磷污染较少，与此同时，TN、NH_4^+、NO_2^-、NO_3^-、TP、PO_4^{3-}-P 这些氮磷指标在降雨过程中变化较小，其下降趋势也较弱，没有体现出明显的初期冲刷

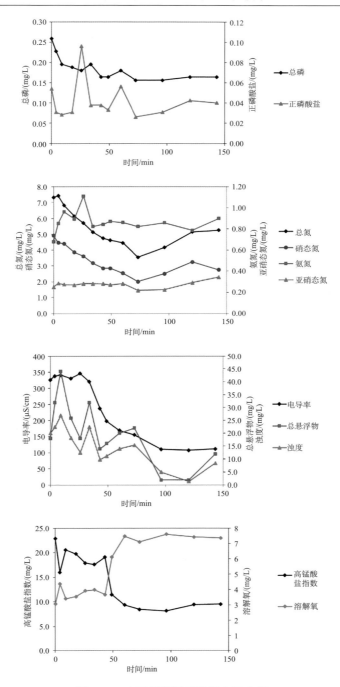

图 8-18　小雨屋顶径流监测水质分析

效应，这可能是由本次降雨较小、污染物不能被完全冲刷，同时屋顶累积氮磷污染物较少这两种因素共同决定的。电导率、TSS 和浊度整体都是处于减小状态，但是在具体不同时刻，也存在一些突增。

8.2.2 不同下垫面类型面源污染负荷变化趋势

在任意一场降雨引起的地表径流过程中，降雨强度随机变化，径流中污染物的浓度随时间变化很大（呈数量级的变化），所以污染物的浓度可采用"事件平均浓度（event mean concentration，EMC）"这一概念进行计算。

在实际采用公式计算的过程中，实测径流量和污染物的浓度数据经常是非连续的。所以在实际应用中采用下式来计算近似值，即将整个降雨过程分为多个时段，在每一时段取一次水样，测其污染物的浓度，并测出该时间段径流量 V_j，再计算 EMC 值：

$$\mathrm{EMC} = \frac{\sum_{j=1}^{n} C_j V_j}{\sum_{j=1}^{n} V_j} \tag{8-1}$$

式中，C_j 为第 j 时段所测的污染物浓度（mg/L）；V_j 为第 j 时段的径流量（m^3），一般按两个样品采集时间间隔的中间值划分流量区间（平均分割法）；n 为时间分段数。

一场降雨径流全过程的污染物质量负荷可由 EMC 与总降雨径流量之积表示：

$$L_i = \int_0^{T_i} C_{t,i} Q_{t,i} \mathrm{d}t = \mathrm{EMC}_i \int_0^{T_i} Q_{t,i} \mathrm{d}t = \mathrm{EMC}_i V_i \tag{8-2}$$

式中，C 为污染物浓度；Q 为径流量；t 为时刻；i 为 i 类型下垫面。

在大雨、中雨、小雨三种不同降雨强度条件下，不同城市下垫面类型径流污染负荷浓度变化趋势如图 8-19～图 8-21 所示。基于以上公式计算主要污染物 COD$_{Mn}$、TP、TN 的 EMC 与三次降雨的平均 EMC，结果如表 8-1 所示。

表 8-1 不同城市下垫面不同雨强平均径流浓度计算结果   （单位：mg/L）

下垫面类型	雨型	EMC-COD$_{Mn}$	EMC-COD$_{Mn}$ 平均浓度	EMC-TP	EMC-TP 平均浓度	EMC-TN	EMC-TN 平均浓度
屋顶	小雨	12.24		0.17		4.96	
	中雨	9.12	11.05	0.05	0.15	5.06	5.04
	大雨	11.80		0.24		5.09	
道路	小雨	21.46		1.43		5.12	
	中雨	55.69	42.14	0.62	0.83	7.47	5.30
	大雨	49.28		0.44		3.30	
绿地	大雨	7.43	7.43	0.09	0.09	1.41	1.41

1. 屋顶径流变化趋势分析

图 8-19 为屋顶径流污染负荷浓度变化趋势。

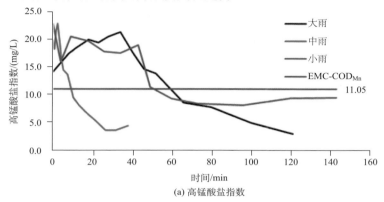

(a) 高锰酸盐指数

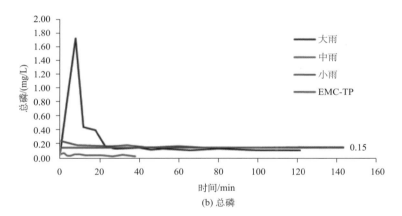

(b) 总磷

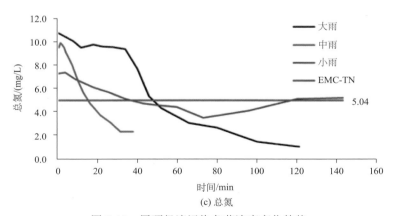

(c) 总氮

图 8-19　屋顶径流污染负荷浓度变化趋势

2. 道路径流变化趋势分析

图 8-20 为道路径流污染负荷浓度变化趋势。

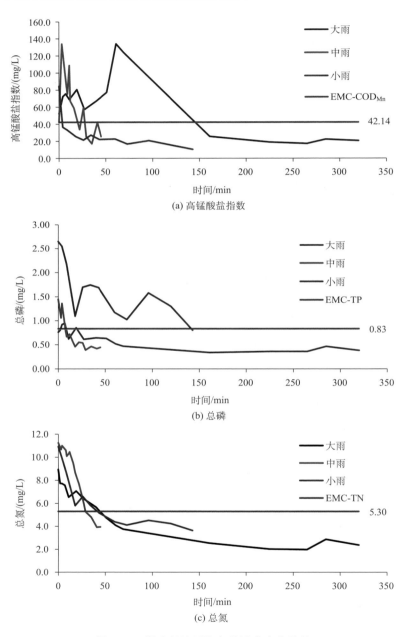

(a) 高锰酸盐指数

(b) 总磷

(c) 总氮

图 8-20　道路径流污染负荷浓度变化趋势

3. 绿地径流变化趋势分析

图 8-21 为绿地径流污染负荷浓度变化趋势。

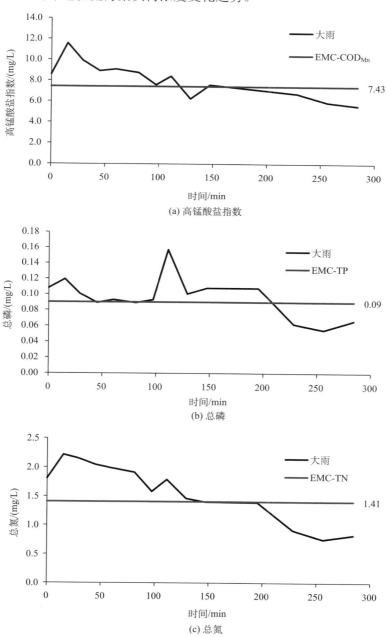

图 8-21　绿地径流污染负荷浓度变化趋势

8.2.3　不同下垫面类型面源污染负荷阻隔效果分析

不同城市下垫面的径流系数分别为绿地 0.2、屋顶 0.9、道路 0.93。结合平均浓度法计算所得各污染物排放浓度及不同城市下垫面面积，可以计算不同产污单元面源污染排放通量。对比上下游河道污染排放通量差值，即可获取点源污染和面源污染的污染排放比例，有的放矢地进行排污控制，见图 8-22。

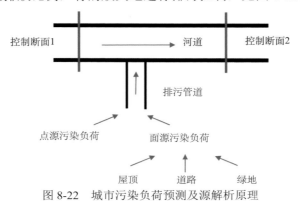

图 8-22　城市污染负荷预测及源解析原理

1. 初期雨水截留效果分析

图 8-23 和图 8-24 分别为三种雨型情况下屋顶和路面的污染负荷累积分布。从图 8-23 中可以看出，小雨或中雨的情景下，15min 或 30min 时间范围内污染负荷占到整个负荷的 50%～80%，而在大雨情况下，则需要 30～60min 时间。三种雨型情况下路面径流污染负荷随时间的变化与屋顶径流规律类似（图 8-24），小雨或中雨情景下，短时间内污染负荷所占比例较大，而在大雨冲刷条件下，污染物浓度波动范围较大，达到同等污染负荷比例需要较长的时间。

同时，由于区域内每次降雨的持续时间不同，无法严格地分析径流过程污染的时间分布特性。但是可以定量分析随时间累积的污染负荷量 M 和累积径流量 V 的关系，即径流污染的初期冲刷特征，从而定量研究初期雨水径流的截留效果。本书结合污染负荷与降雨径流的 M（V）累积分布曲线，定量分析屋顶和路面的三种溶解性污染物 COD_{Mn}、TP 和 TN 的初期冲刷效应，如图 8-25 和图 8-26 所示。可看到路面 20% 的累积径流能携带 COD_{Mn} 和 TN 累积污染负荷的百分比约为大雨 35%～52%、中雨 30%～42%、小雨 23%～30%；屋顶 20% 的累积径流能携带累积污染负荷的百分比约为大雨 40%～50%、中雨 30%～38%、小雨 35%～37%。总的来看，大雨的初期冲刷效应最强，但中雨和小雨的初期冲刷效应，特别是屋顶中雨和小雨的初期冲刷效应没有显著性差别。

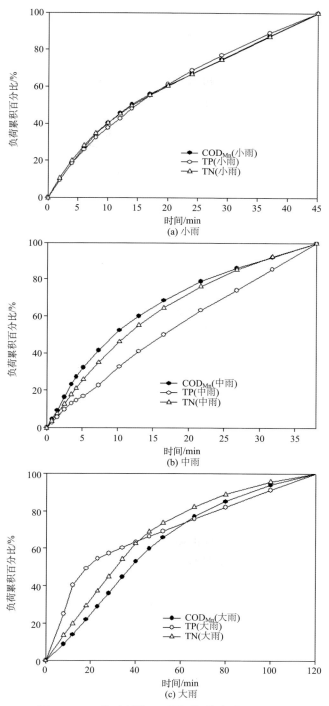

图 8-23　三种雨型情况下屋顶污染负荷累积分布

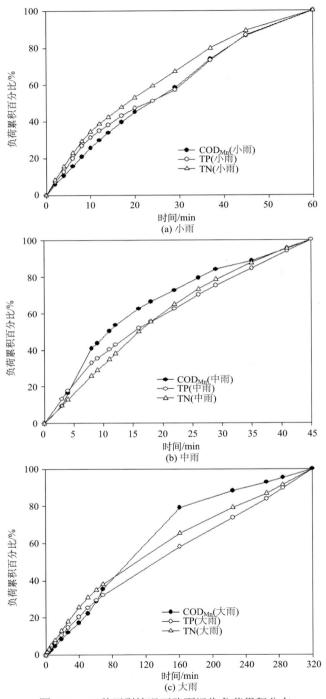

图 8-24　三种雨型情况下路面污染负荷累积分布

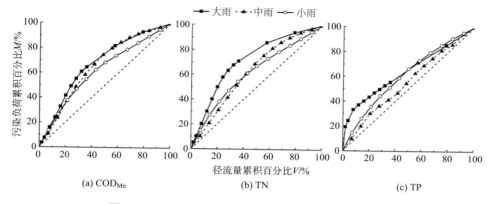

图 8-25　三种雨型情况下屋面降雨径流初期冲刷效应

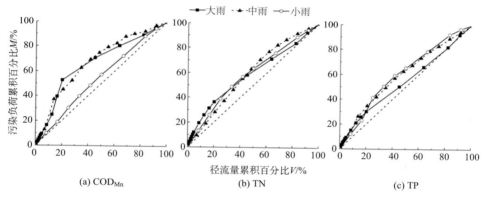

图 8-26　三种雨型情况下路面降雨径流初期冲刷效应

2. 植草沟对面源污染的控制效果

植草沟指种有植被的地表沟渠，可收集、输送和排放径流雨水，并具有一定的雨水净化作用，可用于衔接其他各单项设施、城市雨水管渠系统和超标雨水径流排放系统。除转输型植草沟外，还包括渗透型的干式植草沟及常有水的湿式植草沟，可分别提高径流总量和径流污染控制效果。已有对植草沟的相关研究及试验结果表明，植草沟对面源污染及内涝均有一定的控制效果。因此，本书通过探究植草沟技术对无锡地区城市面源污染的实际控制效果，以期为城市面源污染负荷管控提供技术支撑。

大雨事件中，道路产流 8min 后植草沟开始出水，植草沟出水 COD、TP、TN 指标的 EMC 值分别为 26.76mg/L、0.75mg/L 和 2.86mg/L，与进水 EMC 值相比，除 TP 指标升高外，COD 和 TN 指标的 EMC 值降幅分别为 45.7%和 13.2%，可知大雨时植草沟对道路径流中 COD 的去除效果良好，对氮类污染物有一定的净化作用，但对 TP 的去除效果差。产流过程中，同时刻 COD 出水浓度始终低于进水浓度；出水 TN 浓度一直保持随时间增加而降低的趋势；在前 80min，TP 出水浓度始终比进水浓度高，污染较严重，至植草沟出水结束时，TP 浓度降至 0.5mg/L 以下，TP 污染情况显著缓解。

中雨事件中，植草沟出水 COD、TP、TN 指标的 EMC 值分别为 37.65mg/L、0.35mg/L 和 10.96mg/L，与进水 EMC 值相比，TN 指标升高了 46.7%，COD 和 TP 指标 EMC 值降幅分别为 32.4%和 43.8%。植草沟开始出水时 COD 浓度为 51.4mg/L，较道路径流初始浓度显著降低，60min 左右开始低于同时刻进水浓度。TN 出水浓度基本均大于同时刻进水浓度，且出水初期 TN 污染最为严重；100min 后，TP 出水浓度低于同时刻进水浓度。

小雨事件中，道路产流 40min 后植草沟开始出水，COD、TP、TN 指标的出水 EMC 值分别为 14.27mg/L、1.34mg/L 和 6.85mg/L。与中雨事件类似，TN 出水 EMC 值高于进水，增幅为 33.8%，而植草沟对 COD 和 TP 均具有一定的净化作用，其出水 EMC 值较进水分别降低 33.5%和 6.5%。相对而言，植草沟对 COD 具有显著的去除效果，对 TP 去除能力微弱，而对氮类污染物则无去除效果。植草沟出水 COD 在 50min 后均低于同时刻进水浓度；出水 TN 浓度均高于进水浓度。

通过渗透、蒸发、孔隙存储等过程，植草沟可显著控制径流体积，以大量削减出水水量。结合实验观测的三次降雨事件的降雨量及植草沟进水、出水流量数据，可知植草沟对降雨径流水量的削减效果显著，在小雨、中雨和大雨事件中的削减率分别为 95.4%、88.4%、86.9%。由于能够削减大量的径流，从而防止污染物（尤其是 SS）直接进入河道，也在一定程度上减少了污染负荷。与对径流污染物浓度的去除效果相比，植草沟对污染负荷的削减率更优、更稳定。

不同雨强下植草沟对道路径流污染物的去除率见图 8-27 和表 8-2，从中可以看出，植草沟对径流中 COD 的去除效果良好，达到 30%以上。主要是由于当地表径流流经植草沟表面时，在颗粒沉淀、土壤过滤与渗透、植被持留及生物降解等的共同作用下，其中的大部分悬浮颗粒污染物和部分溶解态污染物会被有效去除。但是，植草沟对 TN 及 TP 的去除率波动较大，不同降雨事件中均有氮、磷污染物的释放现象。这可能是因为土壤中混合的高效复合肥料仍有部分残留，且植草沟成坪后会定期修剪，肥料及植被中的氮、磷经雨水长时间冲刷与浸泡而易析出。

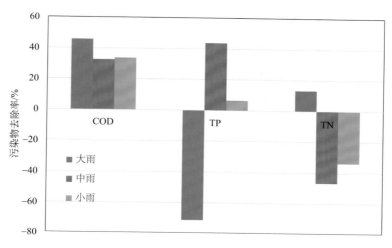

图 8-27　不同雨强下植草沟污染物去除率

表 8-2　植草沟对道路径流污染物的去除率　　　　　　（单位：%）

雨型	污染物去除率		
	COD	TP	TN
大雨	45.7	−71.4	13.2
中雨	32.4	43.8	−46.7
小雨	33.5	6.5	−33.8

3. 河道水质响应过程分析

大雨（41.8mm）期间降水量分布及上下游监测断面的流量过程如图 8-28 所示。在水位和流速波动较大的条件下，上下游流量差值存在较大的变异性。大雨期间降水强度分布、上下游监测断面的主要污染物浓度变化过程如图 8-29 所示。河道水质对初期雨水径流冲刷引起的污染负荷（非点源）响应明显，主要污染物指标（COD_{Mn}、TN、TP 等）浓度均比降水前有较大的升高，河流上下游监测断面中 COD_{Mn} 浓度在降雨前约为 8.0mg/L 左右，降雨期间峰值可达 11.0mg/L 左右；上游断面 TN 浓度从雨前的 7.6mg/L 上升到 8.3mg/L，下游断面从雨前的 7.65mg/L 上升到 9.2mg/L；而对上游断面来说，TP 雨前浓度为 0.52mg/L，雨期峰值为 0.71mg/L，对下游断面来说，TP 雨前浓度为 0.54mg/L，雨期峰值为 0.87mg/L。

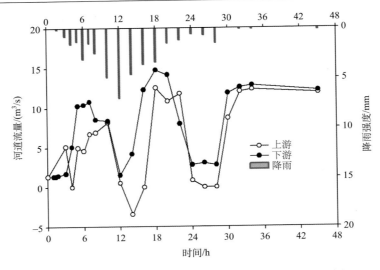

图 8-28　大雨期间降水量分布及上下游监测断面的流量过程

从溶解性无机氮（DIN）各形态变化上看，上游监测断面 NH_4^+-N 浓度始终维持在 2.0mg/L 左右，下游监测断面 NH_4^+-N 浓度由雨前的 0.64mg/L 升高至雨后的 2.85mg/L，前后相差近 4 倍。上游断面 NO_2^--N 浓度整体趋势与该断面其他污染物（COD_{Mn}、TN 和 TP）浓度的变化趋势一样，先升高后回落至雨前水平，雨期峰值（0.73mg/L）约为降水前后（约 0.20mg/L）的 3～4 倍，而下游断面情况则迥然不同，同该断面的 COD_{Mn}、TN、TP 指标一样，出现了两个明显的峰值区间，峰值浓度分别为 0.74mg/L 和 0.63mg/L，中间一段时间（14～20h）浓度持续未有检出。上下游断面的 NO_3^--N 浓度变化趋势较为一致，但同其他污染物情况相反，出现先下降后上升的情况，在降雨强度最大的时间段内，雨水稀释作用十分明显。

河道监测断面 DIN 的变化过程可以由不同下垫面非点源污染物 DIN 的组成变化特征加以解释（图 8-30）。三种主要下垫面暴雨径流中的 DIN 以 NO_3^--N 为主，其次是 NH_4^+-N，NO_2^--N 浓度最低（道路的亚硝态氮浓度略高于氨氮浓度），其中屋顶和道路径流污染负荷要远高于草地（约 5～10 倍）。随着降水过程的进行，所有下垫面径流污染物中 NO_3^--N 和 NO_2^--N 浓度快速降低，而 NH_4^+-N 浓度保持稳定，其屋顶浓度始终保持在 2.0mg/L 左右，与河道雨前浓度相当。因此，整个过程中河道 NH_4^+-N 浓度保持较为稳定，后期由于大量清洁雨水的稀释作用，河道中 NO_3^--N 浓度出现低值，这从电导率的降低过程中也能得以反映。此后，可能随着雨水比例下降，污水比例上升，NO_3^--N 浓度逐步回升到雨前水平。

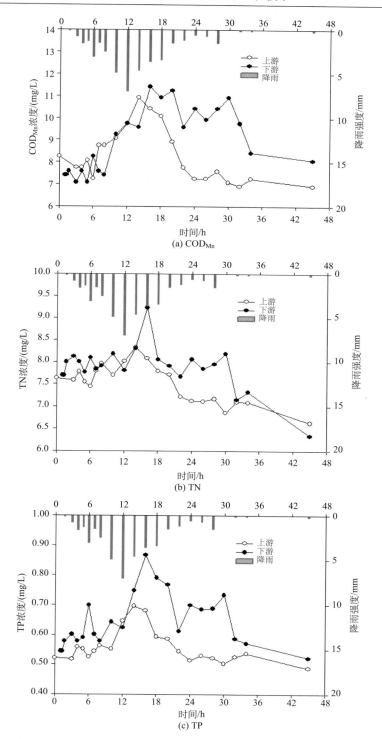

(a) COD$_{Mn}$

(b) TN

(c) TP

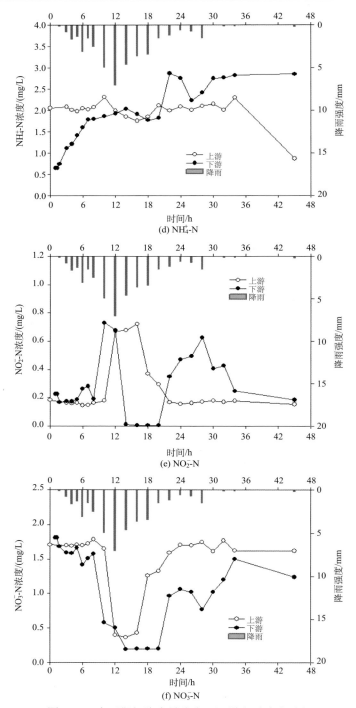

图 8-29 大雨期间降水量分布及河道水质响应过程

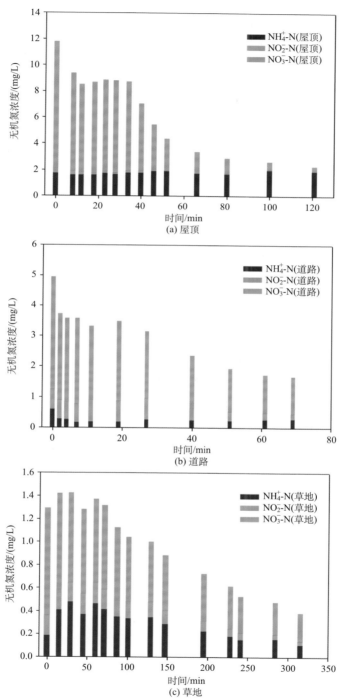

图 8-30　大雨期间不同下垫面径流无机氮组分变化

从整个降水过程监测期间河道上下游断面 DIN 的百分比组成变化（图 8-31）可以看出，上游断面各组分在降雨前后均保持较为稳定的状态，NH_4^+-N 浓度约为 NO_3^--N 浓度的 1.4 倍，即降雨影响能够在较短的时间内得以消除，水质回到雨前状态。下游断面降水前后 NH_4^+-N 所占比例略有提高，NH_4^+-N 浓度约为 NO_3^--N 浓度的 1.6 倍。

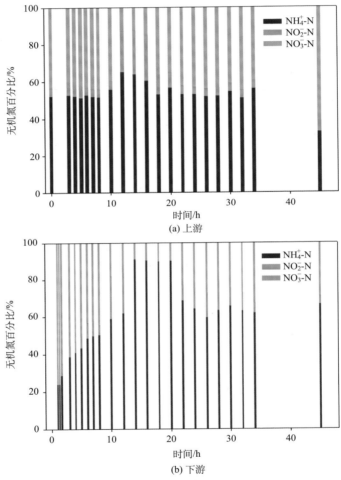

图 8-31　大雨期间上下游河道径流无机氮组分变化

8.3　滨湖河网面源控制及生态修复关键技术

8.3.1　基于河岸带缓冲区植被恢复的面源截留技术

传统硬质河岸采用普通混凝土及浆块石护坡，对坡面采用封闭形式，阻断了水体和近岸陆地土壤之间的联系，不具备植被生长所必需的生态环境，水生植物、水生动物失去生长、栖息的空间，造成生物种群减少、生物多样化指数降低，破坏了生态平衡，使水体自净功能下降甚至完全丧失，河滨带功能受损严重。为有效削减进入河道的面源污染、改善河水水质和生态系统、美化生活环境，同时对直立岸坡坡顶平台及坡下河岸进行植被恢复。坡下缓冲带主要由湿生植物、挺水植物、浮水植物和沉水植物交替组成。在水岸带种植根系发达的植物，构成缓冲带，起过滤和减缓波浪的作用，植物也可以吸收一部分营养盐，最终达到沉淀和脱氮等目的，同时缓冲带形成的动物栖息地和景观，起到保护、恢复自然环境的效果。河滨带植被把水、河道与堤防、河畔植被连为一体，构成完整的河流生态系统，形成了复合型生物共生的生态系统，拦截入河面源污染，增强水体的自净作用，使有机污染物受氧化作用而变成无机物。由水、水生动物、水生植物组成的河流生态系统，能增强水体的自净化作用，改善河流水质。生态护坡在两岸建起绿色长廊，为蝶、蜂、鸟等的返迁创造条件，增强城市的自然景观，为人们的休憩、娱乐、接近大自然提供了良好的场所。

8.3.2　软隔离植物浮岛技术

软隔离植物浮岛针对排污口区域及断头浜入河汇合口（橡胶坝后）位置设置。隔离（isolation）指使用软隔墙进行局部水体稳定的技术，浮床（floating floor）指生物浮床或浮岛净化技术。部分雨污混排口在暴雨情景下发生溢流，原水悬浮物浓度高、透明度低，且磷浓度高，在排放口和断头浜入河汇合口周边区域架设除油装置及软隔离浮岛，对隔油、吸附后的泄水进行物理拦截，以降低水体中的悬浮物和胶体浓度，提升入河尾水透明度，去除含磷污染物。

8.3.3　初期雨水收集利用技术

针对城市强降雨情景下因建筑屋顶、路面硬化导致的局部径流量增加，对初期雨水进行就地收集、入渗、储存、处理、利用，实现径流总量控制、径流峰值控制、径流污染控制、雨水资源化利用等目标。初期雨水收集利用装置包括透水铺装、绿色屋顶、下沉式绿地、生物滞留设施、渗透塘、渗井、湿塘、雨水湿地、蓄水池、雨水罐、调节塘、调节池、植草沟、渗管/渠、植被缓冲带、初期雨水弃流设施、人工土壤渗滤等。在地势较低的区域，通过构建植物、土壤和微生物系统的生物滞留设施蓄渗和净化径流雨水，实现径流总量、径流峰值和径流污染控制等多重目标。结合绿地、开放空间等场地条件设计多功能调蓄塘，平时发挥正常的景观及休闲、娱乐功能，暴雨时发挥调蓄功能，实现土地资源的多功能利用。

根据设计目标灵活选用低影响开发设施及其组合系统，根据主要功能按相应的方法进行设施规模计算，对单项设施及其组合系统的设施选型和规模进行优化。

8.3.4 基底原位生态修复技术

针对淤积严重的断头浜河道，拟对河道底泥清淤，以恢复河道行洪功能，并去除河道底泥内源性污染。根据河道现有基底特征、淤泥沉积厚度及底泥理化性状等基本特征，同时考虑河道泄洪功能，确定基底的形状和开挖深度，并通过对基底稳定性的设计和基底地形、深潭、浅滩的改造，改善局部水文条件，创造水生植物所需的基底条件，构建良好的水生生态系统。在滨岸带，创造不同水深的水生植物生长所需基底条件，对于深水区基底修复技术主要创造适宜先锋植物的生长条件；湿地底修复主要包括创造适宜的水生植物生长的基底条件、根据水动力条件确定基底的坡度及基底开挖深度等。

8.3.5 河道水循环条件改善技术

针对城市河道流动性差、溶解氧浓度低等特点，在河内设置水下推流器和曝气装置，通过形成非均匀性的水流条件，改善河道水动力条件，提升水体溶解氧含量。结合河道内浅滩设置人工漂石溢流堰，使得河道内水体流态进一步得到改善，并有利于进一步形成深潭、浅滩河型结构，促进河道急流生态系统恢复。

8.3.6 消落带与河道自然形态修复技术

城区河道汛期具有行洪功能，近岸带水位涨落变化较大。在河道消落带开展生态修复，设置卵石和碎石基底，间隔置入漂石，同时恢复近岸及水生植物。根据丰枯季节水位落差变动规律及不同的水位条件变化规律和生物群落演替原理，合理配置植物群落类型和物种组合，在沿岸涨落区尝试配置柳叶菜科、龙胆科、旋花科等浮水根生植物群落及蓼科耐旱耐淹的挺水植物群落。

利用漂石、砾石等在河道内营造浅滩、深潭交错布置，通过卵、碎石铺底、漂石堆置，营造急流与缓流水动力条件；并进行河道蜿蜒性修复，设置浅滩区小型湿地，以利于提高水体自净能力、恢复水生生物栖息环境。在岸坡底层设置特殊的鱼巢结构，以营造良好的鱼类与水生动物栖息空间，促进河道水生生态系统健康好转。

第9章 滨湖河网面源调控技术集成应用总体格局

9.1 滨湖河网面源控制总体思路

遵循"源头削减—过程削减—末端治理"的思路，科学制定滨湖河网面源控制技术方案，以达到改善水质、促进河道生态整体恢复的效果。由前文可知，骂蠡港、东新河、芦村河、曹王泾是研究区域中面源污染治理和减排的关键区域。

9.1.1 面源负荷源头削减

在污水厂提标改造的基础上，进一步研究尾水的出路，减少进入河道的污染负荷，削减点源污染负荷；针对分散型小点源，通过地埋立体式膜生物反应器（图9-1）削减污染负荷；针对初期雨水径流，通过改造小区景观水体和下沉式绿化带（图9-2）削减建筑物和道路的面源污染负荷。

图9-1 膜生物反应器一体化污水处理设备

建议地点：翠园新村、中桥一村、锡星苑等。该片区域紧靠骂蠡港，周边断头浜较多，面源污染负荷来源分布密集，周边居民区的面源污染直排入河，滨岸带未能对面源污染形成有效阻隔。

图 9-2　居民小区景观水体下沉式绿化带

9.1.2　径流负荷过程削减

在径流汇入河流或者下水道过程中，进行污染物的拦截削减。改造下垫面，增加可渗透性，对于一些地势较低洼地段，研究其小范围汇集水量，适当改造地面，设置亚表层快速滤层，选择高透性材料，如砾石、砂石、环保型有机滤材等（图 9-3）。对于局部重污染区域，可在暗渠或者下水道中架设箱笼滤网设施，箱笼大小、高低与沟渠一致，笼中设三至四道拦污网，网眼大小呈级降型，先大后小，层层拦截污水中携裹的垃圾碎片、碎屑、大颗粒物等，箱笼设计成易提拉结构，以便定期清理。另外，针对隐性污染源，加大对下水道和污水管网沉积物的研究，以确定沉积物的成分、沉积特征及空间分布，从而有效地清理下水管和污水管道的隐性污染源、降低初期径流的负荷冲击。

建议地点：阳光城市花园、月秀社区等。该片区域紧靠梁溪河，面源污染较为严重，污染来源分布密集，是构建面源污染拦截的理想区域。

9.1.3　河道水体末端治理

针对最终进入河道的污染负荷，进行河道内强化净化处理。由于城区河道空间有限，且兼顾防洪排涝和人文景观功能，因此对城区河道实施潜流或者水平流人工湿地非常困难，而生态浮床可能影响水面景观、水体复氧和行洪排涝能力，所以逐渐从城市水环境治理中淡化。但是河道起伏不均的河床形成大量自然的潜流区，这些潜流区微生物活动十分活跃，硝化-反硝化通量很大，对 C、N 的去除和水质净化效果显著（图 9-4）。基于这一机制，可以在城市河道中敷设特殊材料构建起伏的河床，增加潜流量；同时在局部河段种植挺水植物和沉水植物，投放底栖动物。通过以上措施提升河道 C、N 去除能力和颗粒物沉降速率，以实现水

图 9-3　下垫面滤层改造示意图

质改善及透明度增加。在实施过程中需要充分计算和论证这些措施对过流能力的影响，以保障行洪排涝安全。

　　通过河道多自然形态营造，促进河道生态系统健康恢复。进行河岸带生态修复，控制面源污染；改善滨水交接带水动力-形态条件，营造浅滩区环境，恢复河道自净功能及水生生物栖息环境；改善水生植物条件、营造激流生态环境等综合措施，促进河道水生态系统健康恢复。

图 9-4　河道潜流带布设示意图

　　建议地点：金城湾公园—曹王泾入口、梁塘河湿地。此处水生植被基础条件较好，适宜河道水生生境改造，推荐在此处开展河岸带修复和水下森林构建。

9.2　滨湖河网面源调控技术集成应用方案

9.2.1　面源控制技术应用分区

　　基于上述面源控制关键技术，提出滨湖河网面源调控技术集成应用分区（图 9-5）。

　　1. 源控核心区

　　骂蠡港沿岸开发程度高，居住区人口密集，面源污染来源分布广、污染重。在翠园新村、中桥一村、锡星苑等区域设置源控核心区。通过设置膜生物反应

图 9-5　滨湖河网面源调控技术集成应用分区示意图

器一体化设备，形成局部区域的污水核心处理单元，从源头上提升面源防控水平，减少入河污染负荷。

2. 基底原位修复区

在芦村河和曹王泾中下游开展生态清淤工作，不仅能够降低底泥中的污染物浓度，还可为水生态系统的修复创造条件。对淤积严重的河段进行底泥疏浚，在一定程度上削减底泥对水体的污染贡献率，进而减少内源释放而造成的二次污染，达到治理内源污染的目的。根据河道功能需求和底泥淤积情况，在满足河道规划断面深度的基础上，针对河道存在的底泥淤积情况，通过调查评价底泥污染现状，采用建立的水环境模型，模拟并确定主要清淤位置、清淤范围、深度和清淤量，结合底泥柱状样监测结果分析的受污染底泥的厚度及位置，将工程清淤与生态清淤相结合。基于高效物化凝聚剂的原位清淤技术进行底泥修复，包括淤泥中有机物化学降解、重金属螯合、总磷固化、土壤骨架及氧化还原电位提升重构等过程。采用高效的底泥原位覆盖和钝化材料，快速固化高含水量的底泥。

3. 滨岸带修复区

将梁溪河滨岸改造为绿地缓冲带和亲水平台，实施河道岸边带植被梯度构建，恢复滨水地带，拆除原先视觉单调的渠道护岸；在沿河岸线采用土工格栅边坡加固技术、干砌护坡技术、利用植物根系加固边坡的技术、渗水混凝土技术、生态砌块等，设置不同形式的生态护岸，提升孔隙率，连通地下水；构造曲折的柔性护岸，保持丰富多样的河岸形式，延续原始的水际边缘效应，并为各种生物提供生长环境和迁徙走廊，以利于形成完整的生物群落。借助水生植物的附着净化作用，构建植被缓冲带和拦截湿地系统，截留面源污染和生活污水，净化河流水体。

4. 断头浜修复区

在骂蠡港沿线支浜、断头浜设置修复区，通过底质疏浚、潜流带构建、生态浮床、曝气复氧等方式实现水质强化净化，增强水生态系统净化能力，削减入河面源污染负荷。在断头浜入河河口处通过人工强化光催化反应器-生物膜、河口高效拦截原位处理、廊道式植物拦截墙、强化拦截网膜等技术集成河口区生物-生态拦截、消纳技术，进一步拦截进入骂蠡港的污染负荷，起到净化水质的作用。

5. 水下森林区

在控制入河污染负荷和开展畅流活水的同时，在金城湾公园开展河道植被恢复及湿地重建工作，配合生境改善修复技术，为水生植被的恢复和径流负荷的削减创造必要条件。利用种源引入保护、先锋物种种植等植被恢复诱导技术，形成稳定生存和自然繁衍的水生植物群落。水下森林系统主要由沉水植物构建，包括改良苦草、罗氏轮叶黑藻、刺苦草、篦齿眼子菜、小茨藻等。沉水植物通过有效增加空间生态位，抑制生物性和非生物性悬浮物，改善水下光照和溶氧条件，为形成复杂的食物链提供了食物、场所和其他必需条件；也间接支持了肉食和碎食食物链，是水体生物多样性赖以维持的基础。

6. 潜流带修复区

在骂蠡港沿线河段中敷设特殊材料构建起伏的河床，增加潜流通量；在局部河段水陆交错带种植苦草、水龙、水禾等挺水植物和沉水植物形成植被缓冲带，投放底栖动物，提高河道碳、氮去除能力和颗粒物沉降速率，以实现水质改善及透明度增加；针对河流缓冲区退化的湿地基底环境，根据常见的退化基底土壤性状及基底形态，采用相应的土壤修复技术和基底营造技术，改善土壤结构，恢复水生植物生长条件。

9.2.2　面源污染分级分区调控方案

根据研究区域面源污染风险分布图，分别对高风险、中风险、低风险区域提出分级分区的面源调控方案。

1. 高风险区域（梁溪河、蠡溪河、骂蠡港、芦村河、曹王泾）

高风险区域面源削减量较高，需结合海绵城市建设理念，采用初期雨水面源污染控制、内涝防治和雨水资源化利用相结合的方式开展修复工程（图 9-6）。

图 9-6　滨湖河网面源高风险区域调控方案

初期雨水面源污染控制措施：针对初期雨水径流，通过改造沿河小区景观水体和下沉式绿化带，削减建筑物和道路的面源污染负荷。其中，透水性路面以透水混凝土、透水沥青、透水砖、草皮砖等透水性建材替代普通混凝土、沥青、釉面砖等传统建材铺装硬化路面、广场、停车场等；将雨水排放系统中的渗透管沟由传统雨水管改为渗透管或设置渗水井，汇集的雨水通过渗透管沟进入四周的碎石层，再进一步向四周土壤渗透，多余雨水渗透进入市政管网；下沉式绿化带改造是通过改造低于周围地面适当深度、能够接受周边地面雨水径流的绿地，增加雨水渗透率并强化地下水补给，实现渗透雨水和削减洪峰的目的；植被浅沟是在地表沟渠、道路两侧、大面积绿地中种植植被同渗透渠或雨水管网联合运行，在沉淀、过滤、生物降解共同作用下，完成输送、排放功能的同时实现雨水净化。预期最高削减率：总氮 13%，氨氮 16%，总磷 43%，高锰酸盐指数 45%，颗粒物 62%。

内涝防治措施：构建由溢流管、排污口、溢水系统组成的分散调蓄设施，并同步构建 1 万 m³ 以上的大型雨水调蓄池，实现调蓄削峰及利用初期雨水的目的。在不影响地下工程的前提下构建深层调蓄隧道，通过建造雨水隧道分流高地雨水，减少客水进入市区排水系统，进一步提高地势较低处的防洪排涝标准。同时，配套建设初期雨水处理厂，在避免管道大面积翻建的前提下提高雨水处理率。预期最高削减率：总氮25%，氨氮21%，总磷33%，高锰酸盐指数44%，颗粒物16%。

雨水资源化利用措施：包括屋顶雨水收集利用、路面雨水收集利用及绿地雨水收集利用。屋顶雨水收集利用系统以集中式利用系统的形式设置在居住区或建筑群，或以分散式利用系统设置在单体建筑物上，系统包括集雨区、输水系统、截污过滤净化系统、储存系统及配水系统。屋顶花园利用系统结合了防护层、排水层、过滤层、种植层和植被。路面雨水水质较差，其中自行车道、人行道和小区道路雨水需优先收集和处理。预期最高削减率：总氮60%，氨氮65%，总磷69%，高锰酸盐指数45%，颗粒物90%。

2. 中风险区域（线泾浜、小渲河、陆典河、丁昌桥浜）

中风险区域以沿程径流负荷过程削减为主，结合河道基底原位生态修复技术，辅以河道水循环条件改善和自然形态修复技术，实现入河面源负荷削减（图9-7）。

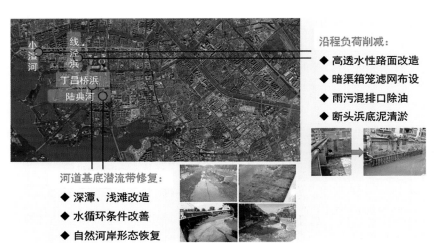

图9-7 滨湖河网面源中风险区域调控方案

沿程负荷削减：在径流汇入河流或者下水道的过程中，进行污染物的拦截削减。改造下垫面，增加可渗透性，根据小范围汇集水量，在一些地势较低洼地段适当改造地面，选择砾石、砂石、环保型有机滤材等高透性材料，设置亚表层快速滤层。对于局部重污染区域，可在暗渠或者下水道中架设箱笼滤网设施，箱笼大小、高低与沟渠一致，笼中设三至四道拦污网，网眼大小呈级降型，先大后小，层层拦截污水中携裹的垃圾碎片、碎屑、大颗粒物等，箱笼设计成易提拉结构，定期清理。

河道基底修复：针对淤积严重的断头浜河道，对河道底泥清淤，以恢复河道行洪功能，并去除河道底泥内源性污染。根据河道现有基底特征、淤泥沉积厚度及底泥理化性状等基本特征，同时考虑河道泄洪功能，确定基底的形状和开挖深度，并通过对基底稳定性的设计和基底地形、深潭、浅滩的改造，改善局部水文条件，创造水生植物所需的基底条件，构建良好的水生生态系统。在滨岸带创造不同水深的水生植物生长所需基底条件，对于深水区基底修复技术主要创造适宜先锋植物生长条件。

水循环改善：在河道内设置水下推流器和曝气装置，以改善河道水动力条件并提升水体溶解氧含量。结合河道内浅滩设置人工漂石溢流堰，改善河道内水体流态，以利于进一步形成深潭、浅滩河型结构，促进河道急流生态系统恢复。

自然形态修复：对直立岸坡坡顶平台及坡下河岸进行植被恢复，坡下缓冲带主要由湿生植物、挺水植物、浮水植物和沉水植物交替组成。在水岸带种植根系发达的植物，构成缓冲带起过滤和减缓波浪的作用。在河道消落带开展生态修复，设置卵、碎石基底，间隔置入漂石，同时恢复近岸及水生植物。通过漂石、砾石等设置，在河道内营造浅滩、深潭交错布置，卵、碎石铺底、漂石堆置，营造急流与缓流水动力条件。在岸坡底层设置特殊的鱼巢结构，以营造良好的鱼类与水生动物栖息空间。

3. 低风险区域（其他河道）

低风险区域以面源负荷沿程削减与河道潜流带恢复为主。

面源负荷沿程削减：实施河道岸边带植被梯度构建，恢复滨水地带，拆除原先视觉单调的渠道护岸；在沿河岸线采用土工格栅边坡加固技术、干砌护坡技术、利用植物根系加固边坡的技术、渗水混凝土技术、生态砌块等，设置不同形式的生态护岸；构造曲折的柔性护岸，保持丰富多样的河岸形式，延续原始的水际边缘效应；借助水生植物的附着净化作用，构建植被缓冲带和拦截湿地系统，截留面源污染和生活污水。

河道潜流带恢复：敷设特殊材料构建起伏的河床，增加潜流通量；在局部河段水陆交错带种植苦草、水龙、水禾等挺水植物和沉水植物形成植被缓冲带，投放底栖动物，提高河道碳、氮去除能力和颗粒物沉降速率；针对河流缓冲区退化的湿地基地环境，根据常见的退化基底土壤性状及基底形态，采用相应的土壤修复技术和基底营造技术，改善土壤结构，恢复水生植物生长条件。

第10章　城市面源污染精准防控建议

近年来，长江经济带工业污染控制取得显著成效，农业面源污染控制得到显著加强，两者的有效防控明显提升了长江经济带水生态环境整体质量，但仍未从根本上扭转城市水体氮磷富营养化严重、水生态系统退化的态势。城市面源污染是水生态环境治理木桶效应的短板，尚未得到足够的重视，成为制约长江经济带城市水生态环境质量深度改善的瓶颈。缺乏在长江经济带快速城市化背景下，根据经济带城市面源污染物浓度高、污染载荷量大、空间分布差异显著、降水集中冲刷等特点建立的系统性、针对性、科学可操作的行动计划和精准防控方案。

10.1　开展城市面源污染精准防控攻坚战专项行动计划

顶层设计城市面源污染精准防控攻坚战专项行动计划，推动城市面源防控科学有序开展。我国已实施水、土壤和大气污染防控行动计划，并取得了显著成效。城市面源污染具有污染来源多样性、空间产生分散性、时间输出集中性、污染途径随机性、污染成分复杂性等突出特征，造成其防控工作开展难度大。因此，亟须组织编制并实施国家级、省级、市级、县级多层级的城市面源污染精准防控攻坚战行动计划，作为目前和今后一个阶段城市面源污染科学防控工作的行动指南，增强城市面源污染防控工作的操作性和规范化。该计划以改善水体生态环境质量为核心，以保障城市人居环境质量为出发点，坚持控制为主、防控结合，突出重点区域、行业和污染物，实施分城市、分类型、分级别、分阶段科学治理，多途径严控面源污染产生量、逐步减少输出量，形成政府统领、企业参与、市场驱动、社会监督的面源污染分区、分类、分级、分期的精准防控体系。

10.2　全覆盖、多手段精准核查，构建城市面源污染
大数据云平台

统筹开展城市面源污染全覆盖、多手段精准核查，构建城市面源污染大数据云平台。科学编制城市面源污染调查技术导则，统一调查标准和方法，规范城市

面源污染精准核查。采用实地调查、自动实时监测和遥感空间监测技术相结合的方法，全面开展覆盖特大、省会、地级、县级等不同等级城市，以及城市内部不同下垫面功能类型、地表漫流、排污口、雨污管网、断头浜等风险源的全方位、多手段监测排查。结合考虑雨污管网的城市面源污染综合模型和同位素示踪等技术，摸清各城市面源污染类型时空分布状况，解析城市面源污染对河流水质的贡献率，核算城市面源污染负荷入河通量，划分城市面源污染风险等级，识别关键风险源区，厘清城市面源污染的组成、数量及其空间分布、雨期和季节性分异特征。整合集成不同数据源，构建城市面源污染大数据云平台，为城市面源污染精准防控提供本底数据支持。

10.3　城市面源分区、分类、分级、分期精准防控，实现一城一策

科学制定城市面源污染分区、分类、分级、分期精准防控方案，实现一城一策是治理城市面源污染的关键。充分考虑降水、地形地貌、城市群分布、城市等级、距离河湖距离、城市人口、经济、下垫面功能类型等多要素，基于城市面源污染核查结果，建立并形成不同尺度下不同城市面源产污本底分区、产污潜力分类、产污强度分级、产污雨期与季节分期的城市面源污染精准防控格局。

基于城市面源污染精准防控体系框架，各城市依据面源污染调查与通量核算结果，研发面源污染的河网水质响应定量识别技术，构建复杂雨洪条件下城市河网水环境承载力模型和面源污染优化削减分配模型，评价河网水环境承载力，优化分配面源污染削减目标。明确面源污染削减区域、类型和负荷量，按照"源头控制—过程削减—末端治理"的总体思路，遴选与布局切合城市实际、投入产出效益比高的防控工程技术，如源头分散式一体化膜生物反应器（MBR）控制技术、汇流亚表层快速滤层削减技术和末端河道软隔离植物浮岛治理技术等，提出适合本城市的面源污染精准调控方案。注重城市面源污染源头原位控制—地表输移截留—管网截留—岸带截留—断头浜治理—河道水体末端治理等多种技术的集成创新与应用，实现面源污染的分区、分类、分级、分期精准施策。

10.4　深度压实城市面源污染精准防控的党政统领、资金多元筹措与群众路线

（1）强化党政统领、部门联动。市县级党委、政府宜作为城市面源污染防控的统领主体，统筹协调，各部门联合行动，细分并压实责任，共同协作推进城市面源污染精准防控工作，建立工作台账，挂图作战，将城市面源污染防控绩效纳入党政领导干部综合考核评价体系。充分发挥多级河长制作用，建立健全城市面源污染防控的投入、运行和管护机制，形成生态环境、住建、城管、水利等多部门联动机制，实现 1+1>2 的协同发力效果。

（2）系统构建央省级财政奖补支持、市县责任主体自筹、信贷和社会资本积极参与的多元化资金投入格局。中央及省级政府通过整合现有生态环境保护与治理、城市建设等现有资金渠道设立"城市面源污染精准防控"奖补资金，鼓励市县级政府加强相关渠道资金和项目统筹整合，形成"城市面源污染精准防控"专项资金，引导信贷、社会资本投向城市面源污染治理，形成多元化资金筹措合力支持城市面源污染精准防控的格局。此外，可积极探索城市面源污染物排放交易市场化改革，实现面源污染物增量高额赔付、减量奖励补偿，专款专用，解决治污资金可能存在不充足的问题。

（3）积极推进公众参与、企业参与的群众路线。通过电视、报纸、网络新媒体等多种形式加强城市面源污染防控宣传，促进市民、企业了解城市面源污染的危害性和严峻性，增强市民对面源污染防控和"人居城市"建设的责任感，引导市民、企业等各行各业各部门积极参与到城市面源污染的精准防控行动中来，让广大群众了解、支持并监督城市面源污染精准防控工作。

参 考 文 献

鲍琨, 逄勇, 孙瀚. 2011. 基于控制断面水质达标的水环境容量计算方法研究——以殷村港为例[J]. 资源科学, 33(2): 249-252.

岑国平, 沈晋, 范荣生. 1996. 城市暴雨径流计算模型的建立和检验[J]. 西安理工大学学报, (3): 184-190.

常静, 刘敏, 侯立军, 等. 2007. 城市地表灰尘的概念、污染特征与环境效应[J]. 应用生态学报, 18(5): 1153-1158.

常静, 刘敏, 李先华, 等. 2008. 上海城市地表灰尘重金属污染累积过程与影响因素[J]. 环境科学, 29(12): 3483-3488.

丛翔宇, 倪广恒, 惠士博, 等. 2006. 基于 SWMM 的北京市典型城区暴雨洪水模拟分析[J]. 水利水电技术, 37(4): 64-67.

丁程程, 刘健. 2011. 中国城市面源污染现状及其影响因素[J]. 中国人口·资源与环境, (S1): 86-89.

范丽丽. 2008. 平原区域水环境容量计算体系研究[D]. 南京: 河海大学.

房妮, 张俊辉, 王瑾, 等. 2017. 西安城市不同功能区街道灰尘磁学特征及环境污染分析[J]. 环境科学, 38(3): 924-935.

付意成, 徐文新, 付敏. 2010. 我国水环境容量现状研究[J]. 中国水利, (1): 26-31.

韩冰, 王效科, 欧阳志云. 2005a. 北京市城市非点源污染特征的研究[J]. 中国环境监测, 21(6): 63-65.

韩冰, 王效科, 欧阳志云. 2005b. 城市面源污染特征的分析[J]. 水资源保护, 21(2): 1-4.

何佳, 郑一新, 徐晓梅, 等. 2012. 滇池北岸面源污染的时空特征与初期冲刷效应[J]. 中国给水排水, 28(23): 51-54.

何小艳, 赵洪涛, 李叙勇, 等. 2012. 不同粒径地表街尘中重金属在径流冲刷中的迁移转化[J]. 环境科学, 33(3): 810-816.

胡维平. 1992. 平原水网地区湖泊的水环境容量及允许负荷量[J]. 海洋湖沼通报, (1): 37-45.

黄纪萍. 2014. 城市排水管网水力模拟及内涝预警系统研究[D]. 广州: 华南理工大学.

黄玉凯. 1990. 水污染物排放总量控制的定量化过程与方法[J]. 上海环境科学, 9(5): 2-4, 38.

嵇灵烨. 2018. 基于环境容量的总量控制方法比较研究[D]. 杭州: 浙江大学.

江燕, 秦华鹏, 肖鸢慧, 等. 2017. 常州不同城市用地类型地表污染物累积特征[J]. 北京大学学报(自然科学版), 53(3): 525-534.

焦永杰, 周滨, 刘红磊, 等. 2017. 流域面源污染关键区快速识别方法的研究与应用——以海河干流流域为例[J]. 安徽农业科学, 45(11): 50-54.

孔维琳, 王崇云, 彭明春, 等. 2012. 滇池流域城市面源污染控制区划研究[J]. 环境科学与管理,

37(9): 74-78.

黎巍, 何佳, 徐晓梅, 等. 2011. 滇池流域城市降雨径流污染负荷定量化研究[J]. 环境监测管理
与技术, 23(5): 37-42.

李恒鹏, 陈伟民, 杨桂山, 等. 2013. 基于湖库水质目标的流域氮、磷减排与分区管理——以天
目湖沙河水库为例[J]. 湖泊科学, 25(6): 785-798.

李怀恩. 1996. 流域非点源污染模型研究进展与发展趋势[J]. 水资源保护, (2): 14-18.

李怀恩. 2000. 估算非点源污染负荷的平均浓度法及其应用[J]. 环境科学学报, 20(4): 397-400.

李家科, 李亚娇, 李怀恩. 2010. 城市地表径流污染负荷计算方法研究[J]. 水资源与水工程学报,
21(2): 5-13.

李建兵. 2009. 水环境承载力评估方法及案例研究[D]. 上海: 复旦大学.

李立青, 尹澄清, 何庆慈, 等. 2006. 城市降水径流的污染来源与排放特征研究进展[J]. 水科学
进展, 17(2): 288-294.

李立青, 尹澄清, 孔玲莉, 等. 2007. 2次降雨间隔时间对城市地表径流污染负荷的影响[J]. 环境
科学, 28(10): 2287-2293.

李明. 2012. 辽河铁岭段水环境容量及总量分配方法研究[D]. 沈阳: 沈阳理工大学.

李如忠, 钱家忠, 汪家权. 2003. 水污染物允许排放总量分配方法研究[J]. 水利学报, 34(5):
112-115.

李如忠, 舒琨. 2010. 基于基尼系数的水污染负荷分配模糊优化决策模型[J]. 环境科学学报,
30(7): 1518-1526.

李如忠, 舒琨. 2011. 基于多目标决策的水污染负荷分配方法[J]. 环境科学学报, 31(12):
2814-2821.

李如忠, 周爱佳, 童芳, 等. 2012. 合肥城区地表灰尘氮磷形态分布及生物有效性[J]. 环境科学,
33(4): 1159-1166.

刘帆, 谢德体, 王三. 2018. 基于最小累积阻力模型的耕地面源污染源-汇风险格局评价——以
重庆市北碚区为例[J]. 江苏农业科学, (14): 253-259.

刘俊, 徐向阳. 2001. 城市雨洪模型在天津市区排水分析计算中的应用[J]. 海河水利, (1): 9-11.

卢小燕. 2015. 基于水环境容量的点源主要污染物总量分配方法及应用研究[D]. 哈尔滨: 哈尔
滨师范大学.

罗缙, 逄勇, 罗清吉, 等. 2004. 太湖流域平原河网区往复流河道水环境容量研究[J]. 河海大学
学报(自然科学版), (2): 144-146.

孟祥明, 张宏伟, 孙韬, 等. 2008. 基尼系数法在水污染物总量分配中的应用[J]. 中国给水排水,
24(23): 105-108.

倪艳芳. 2008. 城市面源污染的特征及其控制的研究进展[J]. 环境科学与管理, 33(2): 53-57.

潘羽. 2015. 基于SWMM的分流制系统初期雨水调蓄池调蓄能力研究[D]. 重庆: 重庆大学.

逄勇, 陆桂华, 等. 2010. 水环境容量计算理论及应用[M]. 北京: 科学出版社.

齐苑儒. 2009. 西安市城区非点源污染负荷初步研究[D]. 西安: 西安理工大学.

齐苑儒, 李怀恩, 李家科, 等. 2010. 西安市非点源污染负荷估算[J]. 水资源保护, 26(1): 9-12.

祁继英. 2005. 城市非点源污染负荷定量化研究[D]. 南京: 河海大学.

秦迪岚, 韦安磊, 卢少勇, 等. 2013. 基于环境基尼系数的洞庭湖区水污染总量分配[J]. 环境科学研究, 26(1): 8-15.

任玉芬, 王效科, 韩冰, 等. 2005. 城市不同下垫面的降雨径流污染[J]. 生态学报, 25(12): 3225-3230.

任玉芬, 王效科, 欧阳志云, 等. 2006. 沥青油毡屋面降雨径流污染物浓度历时变化研究[J]. 环境科学学报, 26(4): 601-606.

任玉芬, 王效科, 欧阳志云, 等. 2013a. 北京城区道路沉积物污染特性[J]. 生态学报, 33(8): 2365-2371.

任玉芬, 王效科, 欧阳志云, 等. 2013b. 北京城市典型下垫面降雨径流污染初始冲刷效应分析[J]. 环境科学, 349(1): 373-378.

任玉芬, 张心昱, 王效科, 等. 2013c. 北京城市地表河流硝酸盐氮来源的氮氧同位素示踪研究[J]. 环境工程学报, (5): 1636-1640.

施为光. 1991. 街道地表物的累积与污染特征——以成都市为例[J]. 环境科学, 12(3): 18-23.

施为光. 1993. 城市降雨径流长期污染负荷模型的探讨[J]. 城市环境与城市生态, 6(2): 6-10.

孙全民, 胡湛波, 李志华, 等. 2010. 基于 SWMM 截流式合流制管网溢流水质水量模拟[J]. 给水排水, 36(7): 175-179.

孙卫红, 姚国金, 逄勇. 2001. 基于不均匀系数的水环境容量计算方法探讨[J]. 水资源保护, (2): 25-26.

田平, 方晓波, 王飞儿, 等. 2014. 基于环境基尼系数最小化模型的水污染物总量分配优化——以张家港平原水网区为例[J]. 中国环境科学, 34(3): 801-809.

王东升. 1997. 氮同位素比($^{15}N/^{14}N$)在地下水氮污染研究中的应用基础[J]. 地球学报, (2): 220-223.

王海潮, 陈建刚, 张书函, 等. 2011. 城市雨洪模型应用现状及对比分析[J]. 水利水电技术, 42(11): 10-13.

王军霞, 罗彬, 陈敏敏, 等. 2014. 城市面源污染特征及排放负荷研究——以内江市为例[J]. 生态环境学报, (1): 151-156.

王龙, 黄跃飞, 王光谦. 2010. 城市非点源污染模型研究进展[J]. 环境科学, 31(10): 2532-2540.

王宇翔, 杨小丽, 胡如幻, 等. 2017. 常州市湖塘纺织工业园降雨径流污染负荷分析[J]. 水资源保护, 33(3): 68-73.

王媛, 牛志广, 王伟. 2008. 基尼系数法在水污染物总量区域分配中的应用[J]. 中国人口·资源与环境, 18(3): 177-180.

王志标. 2007. 基于 SWMM 的棕榈泉小区非点源污染负荷研究[D]. 重庆: 重庆大学.

魏婷. 2014. 滇池东岸非点源污染负荷控制初探[D]. 重庆: 重庆大学.

温灼如, 苏逸深, 刘晓靖, 等. 1984. 苏州水网城市暴雨径流污染的研究[J]. 环境科学, 7(6): 2-6, 69.

夏青. 1982. 城市径流污染系统分析[J]. 环境科学学报, 2(4): 274-278.

肖彩. 2005. 分布式城市降雨径流面源污染模拟及预测研究[D]. 武汉: 武汉大学.

熊鸿斌, 张斯思, 匡武, 等. 2017. 基于 MIKE 11 模型的引江济淮工程涡河段动态水环境容量研究[J]. 自然资源学报, 32(8): 1422-1432.

徐贵泉, 褚君达, 吴祖扬, 等. 2000. 感潮河网水环境容量数值计算[J]. 环境科学学报, 20(3): 263-268.

徐金涛, 许有鹏, 叶正伟. 2011. 城镇化地区水文过程实验观测与模拟——以太湖西苕溪流域安吉实验小区为例[J]. 长江流域资源与环境, 20(4): 445-450.

徐凌云, 陈江海. 2017. 基于 MIKE 11 的温岭市平原河网水环境容量研究[J]. 浙江水利科技, 45(4): 12-16, 20.

闫磊, 熊立华, 王景芸. 2014. 基于 SWMM 的武汉市典型城区降雨径流模拟分析[J]. 水资源研究, 3(3): 216-228.

杨珏, 钱新, 张玉超, 等. 2009. 两种新型流域非点源污染负荷估算模型的比较[J]. 中国环境科学, 29(7): 762-766.

杨勇. 2007. 设计暴雨条件下城市非点源污染负荷分析[D]. 天津: 天津大学.

姚国金, 逄勇, 刘智森. 2000. 水环境容量计算中不均匀系数求解方法探讨[J]. 人民珠江, 21(2): 47-50.

袁海英. 2017. 高污染城市河流初期雨水一体化截污系统研究[J]. 人民珠江, 38(1): 73-78.

张剑, 付意成, 韩会玲. 2017. 浑太河流域动态水环境容量设计水文条件研究[J]. 中国农村水利水电, (3): 75-80.

张慰. 2015. 湖州平原河网区水环境容量计算研究[J]. 环境与发展, 27(2): 85-90.

张香丽, 赵志杰, 秦华鹏, 等. 2018. 常州市不同下垫面污染物冲刷特征[J]. 北京大学学报(自然科学版), 54(3): 644-654.

张永良. 1992. 水环境容量基本概念的发展[J]. 环境科学研究, 5(3): 59-61.

赵磊, 杨逢乐, 袁国林, 等. 2015. 昆明市明通河流域降雨径流水量水质 SWMM 模型模拟[J]. 生态学报, 35(6): 1961-1972.

周爱国, 蔡鹤生, 刘存富. 2001. 硝酸盐中 ^{15}N 和 ^{18}O 的测试新技术及其在地下水氮污染防治研究中的进展[J]. 地质科技情报, 20(4): 94-98.

周刚, 雷坤, 富国, 等. 2014. 河流水环境容量计算方法研究[J]. 水利学报, 45(2): 227-234, 242.

卓慕宁, 王继增, 吴志峰, 等. 2003. 珠海城区暴雨径流污染负荷估算及其评价[J]. 水土保持通报, 23(5): 35-38.

Ali S A, Bonhomme C, Dubois P, et al. 2017. Investigation of the wash-off process using an innovative portable rainfall simulator allowing continuous monitoring of flow and turbidity at the urban surface outlet[J]. Science of the Total Environment, 609: 17-26.

Alvarez S, Asci S, Vorotnikova E. 2016. Valuing the potential benefits of water quality improvements in watersheds affected by non-point source pollution[J]. Water, 8(4): 112.

Ball J E, Jenks R, Aubourg D. 1998. An assessment of the availability of pollutant constituents on road surfaces[J]. Science of the Total Environment, 209(2-3): 243-254.

Beven K. 2006. A manifesto for the equifinality thesis[J]. Journal of Hydrology, 320(1-2): 18-36.

Bian B, Cheng X J, Li L. 2011. Investigation of urban water quality using simulated rainfall in a medium size city of China[J]. Environmental Monitoring and Assessment, 183(1-4): 217-229.

Black A S, Waring S A. 1977. The natural abundance of ^{15}N in the soil water system of a small catchment area[J]. Australian Journal of Soil Research, 15(1): 51-57.

Brezonik P L, Stadelmann T H. 2002. Analysis and predictive models of stormwater runoff volumes, loads, and pollutant concentrations from watersheds in the Twin Cities metropolitan area, Minnesota, USA[J]. Water Research, 36(7): 1743-1757.

Ceuterick M, Vandebroek I, Pieroni A . 2011. Seasonal influence on urban dust PAH profile and toxicity in Sydney, Australia[J]. Water Science and Technology A: Journal of the International Association on Water Pollution Research, 63(10): 2238-2243.

Chiew F H S, McMahon T A. 1999. Modelling runoff and diffuse pollution loads in urban areas[J]. Water Science and Technology, 39(12): 241-248.

Choi W J, Han G H, Lee S M, et al. 2007. Impact of land-use types on nitrate concentration and δ^{15}N in unconfined groundwater in rural areas of Korea[J]. Agriculture Ecosystems and Environment, 120(2-4): 259-268.

Chow M F, Yusop Z, Abustan I. 2015. Relationship between sediment build-up characteristics and antecedent dry days on different urban road surfaces in Malaysia [J]. Urban Water Journal, 12(3): 240-247.

Ding J, Xi B, Gao R, et al. 2014. Identifying diffused nitrate sources in a stream in an agricultural field using a dual isotopic approach[J]. Science of the Total Environment, 484: 10-18.

Divers M T, Elliott E M, Bain D J. 2014. Quantification of nitrate sources to an urban stream using dual nitrate isotopes[J]. Environmental Science and Technology, 48: 10580-10587.

Egodawatta P, Thomas E, Goonetilleke A. 2009. Understanding the physical processes of pollutant build-up and wash-off on roof surfaces[J]. Science of the Total Environment, 407(6): 1834-1841.

Grimm N B, Foster D, Groffman P, et al. 2008. The changing landscape: Ecosystem responses to urbanization and pollution across climatic and societal gradients [J]. Frontiers in Ecology and the Environment, 6(5): 264-272.

Gunawardana C, Goonetilleke A, Egodawatta P, et al. 2012. Role of solids in heavy metals buildup on urban road surfaces[J]. Journal of Environmental Engineering, 138(4): 490-498.

He C, Zhang L, Demarchi C, et al. 2014. Estimating point and non-point source nutrient loads in the Saginaw Bay watersheds[J]. Journal of Great Lakes Research, 40(S1): 11-17.

Heaton T H E. 1986. Isotopic studies of nitrogen pollution in the hydrosphere and atmosphere: A review[J]. Chemical Geology Isotope Geoscience, 59(1): 87-102.

Herngren L, Goonetilleke A, Ayoko G A. 2005. Understanding heavy metal and suspended solids relationships in urban stormwater using simulated rainfall[J]. Journal of Environmental Management, 76(2): 149-158.

Ji X, Xie R, Hao Y, et al. 2017. Quantitative identification of nitrate pollution sources and uncertainty analysis based on dual isotope approach in an agricultural watershed[J]. Environmental Pollution, 229: 586-594.

Johnson E L. 1967. A study in the economics of water quality management[J]. Water Resources

Research, 3(2): 291-305.

Kang J H, Kayhanian M, Stenstrom M K. 2006. Implications of a kinematic wave model for first flush treatment design[J]. Water Research, 40(20): 3820-3830.

Kang P, Liu P, Wang F. 2019. Use of multiple isotopes to evaluate the impact of mariculture on nutrient dynamics in coastal groundwater[J]. Environmental Science and Pollution Research, 26: 12399-12411.

Kaushal S S, Groffman P M, Band L E, et al. 2011. Tracking nonpoint source nitrogen pollution in human-impacted watersheds[J]. Environmental Science and Technology, 45: 8225-8232.

Kaye J P, Groffman P M, Grimm N B, et al. 2006. A distinct urban biogeochemistry? [J]. Trends in Ecology and Evolution, 21(4): 192-199.

Kayhanian M, Rasa E, Vichare A, et al. 2008. Utility of suspended solid measurements for storm-water runoff treatment[J]. Journal of Environmental Engineering, 134(9): 712-721.

Kellman L M. 2005. A study of tile drain nitrate-δ^{15}N values as a tool for assessing nitrate sources in an agricultural region[J]. Nutrient Cycling in Agroecosystems, 71: 131-137.

Kelly D J, Christopher J, Keller K, et al. 2013. Nitrate-nitrogen and oxygen isotope ratios for identification of nitrate sources and dominant nitrogen cycle processes in a tile-drained dryland agricultural field[J]. Soil Biology and Biochemistry, 57: 731-738.

Kendall C, Elliott E M, Wankel S D. 2007. Tracing Anthropogenic Inputs of Nitrogen to Ecosystems//Stable Isotopes in Ecology and Environmental Science[M]. New Jersey: Wiley-Blackwell.

Kojima K, Murakami M, Yoshimizu C, et al. 2011. Evaluation of surface runoff and road dust as sources of nitrogen using nitrate isotopic composition[J]. Chemosphere, 84(11): 1716-1722.

Krein A, Schorer M. 2000. Road runoff pollution by polycyclic aromatic hydrocarbons and its contribution to river sediments[J]. Water Research, 34(16): 4110-4115.

Lemunyon J L, Gilbert R G. 1993. The concept and need for a phosphorus assessment tool[J]. Journal of Production Agriculture, 6(4): 483-486.

Liebman J C, Lynn W R. 1966. The optimal allocation of stream dissolved oxygen[J]. Water Resources Research, 2(3): 581-591.

Liu J, Shen Z, Yan T, et al. 2018. Source identification and impact of landscape pattern on riverine nitrogen pollution in a typical urbanized watershed, Beijing, China[J]. Science of the Total Environment, 628: 1296-1303.

Mather R J. 1969. An evaluation of cannery waste disposal by overland flow spray irrigation[J]. Carles Warren Thornth Waite, 22: 221-246.

Miguntanna N P, Goonetilleke A, Egodowatta P, et al. 2010. Understanding nutrient build-up on urban road surfaces[J]. Journal of Environmental Sciences, 22(6): 806-812.

Müller A, Sterlund H, Marsalek J, et al. 2019. The pollution conveyed by urban runoff: A review of sources[J]. Science of the Total Environment, 709: 136125.

Muthusamy M, Tait S, Schellart A, et al. 2018. Improving understanding of the underlying physical process of sediment wash-off from urban road surfaces[J]. Journal of Hydrology, 557: 426-433.

Parnell A C, Inger R, Bearhop S, et al. 2010. Source partitioning using stable isotopes: Coping with too much variation[J]. PLoS One, 5: e9672.

Parnell A C, Phillips D L, Bearhop S, et al. 2013. Bayesian stable isotope mixing models[J]. Environmetrics, 24(6): 387-399.

Patra A, Colvile R, Arnold S, et al. 2008. On street observations of particulate matter movement and dispersion due to traffic on an urban road[J]. Atmospheric Environment, 42(17): 3911-3926.

Peterson B J, Fry B. 1987. Stable isotopes in ecosystem studies[J]. Annual Review of Ecology and Systematics, 18: 293-320.

Reginato M, Piechota T C. 2010. Nutrient contribution of nonpoint source runoff in the Las Vegas valley[J]. JAWRA Journal of the American Water Resources Association, 40(6): 1537-1551.

Sartor J D, Boyd G B, Agardy F J. 1974. Water pollution aspects of street surface contaminants[J]. Journal of Water Pollution Control Federation, 46(3): 458-467.

Selles F, Karamanos R E, Kachanoski R G. 1986. The spatial variability of nitrogen 15 and its relation to the variability of other soil properties[J]. Soil Science Society of America Journal, 50: 105-110.

Shaheen D G. 1975. Contributions of Urban Roadway Usage to Water Pollution[M]. Atlanta: Office of Research and Development, US Environmental Protection Agency.

Sieker F. 1998. On-site stormwater management as an alternative to conventional sewer systems: A new concept spreading in Germany[J]. Water Science and Technology, 38(10): 65-71.

Taylor G D, Fletcher T D, Wong T H F, et al. 2005. Nitrogen composition in urban runoff—Implications for stormwater management[J]. Water Research, 39: 1982-1989.

Tian P, Yingxia L I, Yang Z. 2009. Effect of rainfall and antecedent dry periods on heavy metal loading of sediments on urban roads[J]. Frontiers of Earth Science in China, 3(3): 297-302.

Vaze J, Chiew F H S. 2002. Experimental study of pollutant accumulation on an urban road surface[J]. Urban Water, 4(4): 379-389.

Wang Y, Choi W, Deal B M. 2005. Long-term impacts of land-use change on non-point source pollutant loads for the St. Louis Metropolitan Area, USA[J]. Environmental Management, 35(2): 194-205.

Wellen C, Kamran-Disfani A R, Arhonditsis G B. 2015. Evaluation of the current state of distributed watershed nutrient water quality modeling[J]. Environmental Science and Technology, 49(6): 3278-3290.

Wells E R, Krothe N C. 1989. Seasonal fluctuation in $\delta^{15}N$ of groundwater nitrate in a mantled karst aquifer due to macropore transport of fertilizer-derived nitrate[J]. Journal of Hydrology, 112: 191-201.

Wicke D, Cochrane T A, O'Sullivan A. 2012. Build-up dynamics of heavy metals deposited on impermeable urban surfaces[J]. Journal of Environmental Management, 113: 347-354.

Wijesiri B, Egodawatta P, McGree J, et al. 2015. Process variability of pollutant build-up on urban road surfaces[J]. Science of the Total Environment, 518: 434-440.

Wilson L G. 1967. Sediment removal from flood water by grass filtration[J]. Transactions of the ASAE, 10(1): 35-37.

Wu J, Ren Y, Wang X, et al. 2015. Nitrogen and phosphorus associating with different size suspended solids in roof and road runoff in Beijing, China[J]. Environmental Science and Pollution Research, 22(20): 15788-15795.

Xue D, Botte J, de Baets B, et al. 2009. Present limitations and future prospects of stable isotope methods for nitrate source identification in surface and groundwater [J]. Water Research, 43(5): 1159-1170.

Xue D, de Baets B, van Cleemput O, et al. 2012. Use of a Bayesian isotope mixing model to estimate proportional contributions of multiple nitrate sources in surface water[J]. Environmental Pollution, 161: 43-49.

Yang Y Y, Toor G S. 2016. δ^{15}N and δ^{18}O Reveal the sources of nitrate-nitrogen in urban residential stormwater runoff[J]. Environmental Science and Technology, 50: 2881-2889.

Yuan Y, Hall K, Oldham C. 2001. A preliminary model for predicting heavy metal contaminant loading from an urban catchment[J]. Science of the Total Environment, 266(1-3): 299-307.

Zafra C A, Temprano J, Tejero I. 2011. Distribution of the concentration of heavy metals associated with the sediment particles accumulated on road surfaces[J]. Environmental Technology, 32(9): 997-1008.

Zhang X, Wu Y, Gu B. 2015. Urban rivers as hotspots of regional nitrogen pollution[J]. Environmental Pollution, 205: 139-144.

Zhang Y, Shi P, Li F, et al. 2018. Quantification of nitrate sources and fates in rivers in an irrigated agricultural area using environmental isotopes and a Bayesian isotope mixing model[J]. Chemosphere, 208: 493-501.

Zhao H, Jiang Q, Xie W, et al. 2018. Role of urban surface roughness in road-deposited sediment build-up and wash-off [J]. Journal of Hydrology, 560: 75-85.

Zhao H, Li X, Wang X. 2011. Heavy metal contents of road-deposited sediment along the urban-rural gradient around Beijing and its potential contribution to runoff pollution[J]. Environmental Science and Technology, 45(17): 7120-7127.

Zhao Y, Xia Y, Ti C, et al. 2015. Nitrogen removal capacity of the river network in a high nitrogen loading region[J]. Environmental Science and Technology, 49: 1427-1435.

Zhao Y, Zheng B, Jia H, et al. 2019. Determination sources of nitrates into the Three Gorges Reservoir using nitrogen and oxygen isotopes[J]. Science of the Total Environment, 687: 128-136.